구름 한 점 없는 하늘, 뺨을 살랑 스치는 따뜻한 바람, 나른한 햇살.
지금 엄마는 꽃이 흐드러지게 핀 나무 아래에 있단다.

이렇게 아름다운 날, 네가 왔다는 기쁜 소식을 들었단다.
소식을 들은 많은 이들이 설렘에 들뜬 전화를 하고,
새들은 너에게 노래를 들려주려고 쭈르륵 목청을 다듬고 있어.
밤하늘을 비추는 별들도 네 이름이 들릴 때마다 반짝이고,
겨우내 움츠렸던 나뭇가지는 곧 너의 눈망울에 비출 꽃들을 품고 있단다.

이렇게 엄마와 함께 걷는 발걸음마다,
같이 바라보는 모든 것들마다 네가 태어난다는
기쁜 소식을 듣고 아름다운 축하를 보내고 있구나.

아가야, 알고 있니?
우리가 네 이름을 부드럽게 부를 때마다 세상 모든 이들이
이렇게 널 위해 축하를 보내고 있단다.

기쁜 마음으로 아가를 기다리고 있을

_________________________님께

이 책을 드립니다.

지은이

이시내(시냇물)

천천히 자세히 보고 느끼는 감동을 전하려 아이들과 명화이야기를 나
누는 교사. 요리만 만들면 기본이 5인분인 큰 손과 살붙이 두 남자
와 콩닥거리며 살고 있다. 마당발 취미와 소소한 행복을 즐기며 명
화와 요리 관련 저서 《명화 읽어주는 엄마》,《홈메이드 음료》를 공저
했다. 네이버 블로그 '서로 다른 풍경 속 매력 (blog.never.com/
leestream)'에서 만난 사람들과 좋은 인연을 쌓아가고 있다.

강지연(키에)

교사로 재직중이며 명화감상 교육을 교실 안팎에서 꾸준히 실천하고
있다. 삶을 풍요롭게 하는 모든 것들에 관심이 많으며, 명화와 요리
관련 저서를 여러 권 집필했다. 저서로는 《명화 읽어주는 엄마》,《홈메
이드 음료》 공저 및 《명화 속 비밀이야기》 등이 있다. 네이버 블로그
'귀차니스트의 삶(blog.never.com/oilfree07)'을 운영하며 여러
사람들과 관심사를 나누고 있다.

목소리

허윤희

CBS 93.9Mhz 꿈과 음악사이에 진행자로 7년째 청취자늘과 함께하
고 있다. 하루를 마무리하는 밤 10시부터 12시까지 평온하고 감성적
인 목소리로 청취자들의 마음과 영혼을 따뜻하게 감싸주고 있다.

탄생 명화 태교

아가야 너는 특별해

탄생 명화 태교

아가야 너는 특별해

제1판 1쇄 발행 | 2013년 2월 25일
제1판 2쇄 발행 | 2014년 2월 5일

지 은 이 | 이시내 강지연
목 소 리 | 허윤희
펴 낸 이 | 박성우
펴 낸 곳 | 청출판
주　　소 | 경기도 파주시 문발동 594-10 1F
전　　화 | 070-7783-5685
팩　　스 | 031-945-7163
전자우편 | sixninenine@daum.net
등　　록 | 제406-2012-000043호

ISBN | 978-89-92119-34-4 13590

※파본이나 잘못된 책은 바꿔 드립니다.
※CD에 수록된 mp3 파일은 어미나 조사 등 본문 내용과는 약간 다르게 제작되었다는 점을 알려드립니다.

청 출판

Contents

Contents

아이를 낳고 키운다는 것은 그냥 되는대로 흘러가는 것이 아니라 많은 생각과 노력이 필요한 일입니다. 우리 역시 수많은 시행착오를 겪은 초보엄마들로써 아이들을 뱃속에 품고 보았던 가장 아름다운 그림들을 골라 이야기를 엮어 보았습니다.

태교라는 것이 어렵고 유난스러운 것이 아니라, 아이를 품은 엄마가 행복해지는 것이 가장 중요합니다. 이 책은 어렵고 고상한 척하는 명화 이야기가 아닙니다. 책 속에 담긴 명화들은 뱃속에 품은 아이에게 보여주고 들려줄 지극히 자연스러운 삶의 이야기입니다. 이 책을 만나는 모든 예비 부모님들은 그저 즐겁고 좋은 생각으로 읽는 동안 행복하시길 바랍니다. 훗날 아이가 태어나고 자라서 이 책을 보며 이야기할 수 있다면 더 할 나위 없이 좋겠습니다.

그 어느 책들보다도 오랜 시간 원고와 그림, 그밖에 표지 및 디자인을 놓고 고민에 고민을 거듭하던 시간만큼 우리 아이들에게 더 좋은 책이 되길 바라며 까다로운 두 작가를 위해 늘 힘써주시는 청출판 이하 관계자 여러분들, 그리고 두 집 남편들과 아들들에게 감사와 사랑의 말을 전합니다.

2013년 2월

이시내 · 강지연 드림

너를 처음
알게 된 날

수태고지(Annunciation), 귀도 레니(Guido Reni) — 16세기 경

누군가를 처음 만나게 되면, 앞으로 그 사람과 어떤 사이가 될 것인지를 생각한다.

귀한 네가 처음 우리에게 왔을 때. 조그만 콩알 같은 네가 엄마의 뱃속에서 자리 잡고 있음을 알게 된 날, 엄마는 어떤 기분이었을 것 같니? 콩닥콩닥 뛰는 너의 조그만 심장 소리를 처음 들은 날도 엄마와 아빠에게는 온통 신기함으로 가득 찬 세상이 눈앞에 열리는 것 같았어.

그림을 보렴.

두 손을 가슴에 얹고 있는 여자의 이름은 마리아. 푸른 옷을 걸치고 있다는 건 여인이 귀한 사람임을 이야기해 준단다. 마리아는 아기 예수님의 어머니가 될 사람이지. 마리아는 결혼을 하지 않은 처녀였는데 어느 날 하늘에서 내려온 천사로부터 놀라운 계시를 받게 되었어.

"당신의 뱃속에 하느님의 아들이 잉태될 겁니다."

마리아는 처음에 두려웠을 거야. 생각지 못한 아이가 갑자기 찾아왔으니. 하지만 엄마라면 누구나 내 아이가 나를 찾아온 것을 기뻐하게 된단다.

마리아의 얼굴을 보렴.
세상에서 가장 소중한 보물을 품은 듯한 표정이 어려 있구나. 마리아의 인생에서 아들인 아기 예수는 무엇과도 바꿀 수 없는 귀한 선물일 거야.
하늘에서 천사가 내려와 엄마의 귀에 조근조근 속삭여 주듯이 네가 오던 날도 그랬단다. 어느 날 네가 나를 찾아왔다는 것을 알게 되는 순간 정말 놀라웠거든.
그리고 그 놀라움은 이내 행복함으로 변해서 누구에게나 큰소리로 알리고 자랑하고 싶을 정도로 기쁜 엄마가 되었지. 부족한 내가 엄마가 된다는 생각에 조금 걱정스럽기도 했지만 그런 걱정은 네가 찾아왔다는 기쁨이 너무 커서 몽땅 잊어버릴 정도였단다.

“아가야, 엄마와 아빠는 너를 처음 알게 된 날을 잊지 못할 거야.”

너는 앞으로 태어나 아주 많은 사람들과 만나고 헤어지며 살아가겠지만 우리의 인연은 아주 특별한 것이어서 우린 아주 가까운 사이가 될 거란다. 엄마와 아빠의 사랑의 결실인 네가 마침내 우리의 곁으로 찾아왔다는 것을 알게 된 날. 그리고 너와 함께 할 앞으로의 날들에 대한 희망과 기대를 품고 이것저것 상상하던 즐거운 그날을 우리는 언제까지나 기억할 거야.

사람이 태어나 부모가 되기 전과 후는 완전히 달라진 인생을 살게 된다는 그 말을 엄마는 처음에는 이해하지 못했단다. 지금은 그 말의 의미를 되새기는 중이야. 엄마가 그 말의 의미를 온전히 깨닫게 될 때, 진정한 엄마로 거듭나게 되겠지? 열 달 동안 엄마와 아빠는 너와 함께하는 새로운 삶을 준비하며 기쁜 마음으로 너를 기다리고 있을 테니까.

“네가 우리에게 온 것을 진심으로 감사하며… 우리의 만남을 축하한다!”

너를 보며
느끼는
엄마의 마음

감성

천사는 멀리 있지 않다

너의 탄생을 많은 사람들이 축하할 거야

나의 눈에 사랑을 듬뿍 담아

초록이 가득한 곳에서 뛰노는 너를 상상해

금관보다도 귀한 것이 너의 꽃관

엄마와 아빠의 사랑이 있었기에

엄마는 너를 위해 노력한단다

이런 웃음을 가진 아이로 자라길

보드라운 네 살결을 만지며

아이는 세상에서 가장 아름답고 순수한 존재

낮과 밤이 바뀐 너를 위해

그 깊은 사랑을 물려줄 때가 되었구나

너의 시작을 언제나 응원한단다

아빠와 함께 보내는 시간

잠든 너를 바라볼 때의 마음이란

천사는
멀리 있지
않다

악기를 연주하는 아기천사(Musician Angel), 피오렌티노(Rosso Fiorentino), 1520

잠자리에 들려고 누웠는데 어디선가 기분 좋은 음악 소리가 들려오는구나.

딩동댕- 딩동댕-.

류트(lute)를 연주하는 아기천사가 들려주는 음악 소리가 엄마의 고단했던 하루를 기분 좋게 내려놓도록 도와주고 있는 것 같아. 고사리 같은 손이 류트 위에서 천천히 움직이면서 엄마를 꿈속으로 데려가려고 하지. 아기 천사의 포동포동한 팔과 구불구불 부드러운 머리카락이 너무 포근해 보여서 엄마 손으로 스르르 만져 보고 싶다. 커다란 눈망울에 발갛게 물든 볼…. 아기천사는 참으로 사랑스러워서 많은 사람들로부터 사랑을 받고 행복을 느낄 것 같구나. 누구든지 아기천사를 한 번 본 사람들은 행복해 할 정도로 모든 사람들을 기분 좋게 만들어 주는 기특한 아이.

이제 엄마는 눈을 감고 행복한 꿈나라로 편안하게 떠날 거야.

아기 천사는 멀리 있지 않다.
엄마의 꿈속에는 언제나 네가 찾아온단다.

너의 탄생을
많은 사람들이
축하할 거야

꽃이 핀 아몬드나무(Branches of an Almond Tree in Bloom),
고흐(Vincent van Gogh), 1890

감성 구름 한 점 없는 하늘, 뺨을 살랑 스치는 따뜻한 바람, 나른한 햇살. 지금 엄마는 꽃이 흐드러지게 핀 나무 아래에 있단다.

가슴 가득 차오르는 행복을 너도 느끼고 있니?

아름다운 풍경을 너와 함께 나누고 있다는 게 새삼스레 고맙고 행복하구나.

이렇게 아름다운 날, 네가 왔다는 기쁜 소식을 들었단다. 소식을 들은 많은 이들이 설렘에 들뜬 전화를 하고, 새들은 너에게 노래를 들려주려고 쭈르륵 목청을 다듬고 있어. 밤하늘을 비추는 별들도 네 이름이 들릴 때마다 반짝이고, 겨우내 움츠렸던 나뭇가지는 곧 너의 눈망울에 비출 꽃들을 품고 있단다.

이렇게 엄마와 함께 걷는 발걸음마다, 같이 바라보는 모든 것들마다 네가 태어난다는 기쁜 소식을 듣고 아름다운 축하를 보내고 있구나. 힘겹게 살던 고흐 아저씨도 조카가 태어났다는 편지를 받고 행복으로 가득 찬 아몬드 꽃이 핀 나무를 그려 준 것처럼 말이야.

아가야, 알고 있니? 우리가 네 이름을 부드럽게 부를 때마다 세상 모든 이들이 이렇게 널 위해 축하를 보내고 있단다.

나의 눈에
사랑을
듬뿍 담아

가브리엘과 장(Gabrielle and Jean), 르누아르(Pierre-Auguste Renoir), 1895

참 이상한 일이지. 요즘 엄마는 신기할 정도로 세상 모든 아이가 사랑스러워 보여. 이건 다 우리 아기 덕분이란다. 이렇게 퐁퐁 사랑 호르몬을 만드는 네가 엄마 품에 안기면 얼마나 행복할까? 아우~. 상상만 해도 심장이 간질간질해서 웃음이 실실 나오네. 하지만 가끔 이런저런 걱정에 마음이 복잡해지면 이 그림을 본단다.

'괜찮아. 다 잘될 거야.' 누군가 엄마를 꼭 안아 주는 것 같아.

그림 속 가브리엘 아주머니는 화가 르누아르 부탁으로 아기를 돌봐 주는 분이란다. 그런데 아기를 살포시 안은 손에서부터 얼굴 가득 피어 있는 부드러운 표정까지—. 그 품이 얼미니 따뜻할까. 장난을 지는 아이도 모든 걱정을 잊고 보드라운 진흙을 만지느라 여념이 없구나.

르누아르 아저씨도 그 모습이 보기 좋아 이렇게 따뜻한 그림을 그렸단다. 엄마도 지칠 땐 그림 속 아이처럼 너와 함께 노는 모습을 그리며 기운을 내곤 해. 그럼 아무리 힘든 일도 사르륵 녹아 버린단다. 엄마는 기운이 빠져도 널 생각하며 금새 씩씩해지는 법을 배우고 있어. 괜찮아. 가브리엘 아주머니처럼 우리 아기를 소중히 아껴 줄 식구들이 곁에 있을 거니까.

걱정 마렴. 아가야. 네가 만날 세상은 이 그림처럼 이렇게나 따뜻하고 아름다울 거란다.

초록이 가득한 곳에서
뛰노는 너를 상상해

뮌헨 비어가든(Munich beer garden), 리버만(Max Liebermann), 1884

감성 딴따단- 딴따단-

　초록빛 숲 속에서 작은 음악회가 열렸네. 사람들은 의자에 모여 앉아 즐겁게 맥주를 마시고 있구나. 도란도란 이야기를 나누는 사람들, 음악을 흥얼거리며 나뭇잎 사이로 살짝 비쳐드는 오후의 햇살을 즐기는 사람들…. 그리고 사랑스러운 아이들의 모습이 눈에 들어온다. 엄마가 따라 주는 음료수를 마시는 아이, 작은 인형을 가지고 노는 아이, 친구의 모습을 바라보는 아이…. 숲 속의 기분 좋은 공기와 아름다운 선율이 아이들을 행복하게 해 주고 있을 거야.

　엄마도 초록빛 숲 속에서 뛰어노는 너를 상상해. 싱그러운 나무 잎새 사이로 비쳐 드는 햇살의 아름다움을 알고, 깨끗한 흙을 밟고 신선한 공기를 마시며…. 여유와 음악이 가득한 일요일을 함께 보내는 우리 가족의 모습을 상상해. 우리가 앞으로 얼마나 더 행복해질지 상상할 수 있니? 엄마는 벌써 숲 속을 아장아장 걸어다니면서 까르르 웃는 너의 웃음소리가 들려오는 것 같아.

　어서 너를 만나고 싶다, 사랑하는 아가야.

금관보다도 귀한 것이
너의 꽃관

왕관(The crown), 드니(Maurice Denis), 1901

저녁 해가 질 무렵 창가에 선 엄마와 아이의 모습은 그 자체로도 아름답지만, 이 그림에는 마음을 울리는 무언가가 있단다.

"엄마, 오늘 정원에 떨어져 있는 꽃들이 너무 아름다워서 가져왔어요."

"정말 예쁘구나!"

"이걸로 엄마에게 씌워 줄 왕관을 만들었어요!"

발뒤꿈치를 들고 엄마에게 정원에서 꺾어온 꽃으로 직접 화관을 만들어 자랑스럽게 씌워 주는 아이, 그리고 그런 아이를 위해 허리를 굽혀 주는 엄마. 세상 어떤 풍경이 이보다 아름다울 수 있을까?

금으로 된 왕관은 아름답고 화려하지. 하지만 그런 왕관도 아이의 고사리 같은 작은 손으로 직접 만든 꽃관에는 비할 수 없단다. 아이의 꽃관에는 사랑이 담겨 있으니까.

아가야, 네가 태어나고 자라며 언젠가는 엄마에게 삐뚤빼뚤한 글씨로 사랑한다고 쓴 편지나, 어버이날에 색종이 잘라 가며 만든 카네이션을 받게 되는 날도 오겠지? 그런 너의 작은 선물을 받는 날이 온다면 어떤 기분일지 엄마는 상상만 해도 너무 행복하다. 그날이 온다면 엄마도 저 그림 속 여인처럼 무릎을 구부려 너의 선물을 받아 줄게. 금으로 된 왕관을 씌워 줄 수 있는 너보다 누군가에게 사랑이 담긴 꽃관을 씌워 줄 수 있는 아이로 키우고 싶은 것이 엄마의 작은 소망이란다.

엄마와 아빠의
사랑이 있었기에

생일(The Birthday), 샤갈(Marc Chagall), 1915

감성 우리 아기와 함께 지내면서 엄마는 많은 변화를 겪고 있단다. 냄새만 맡아도 속이 울렁거리고, 다리에 쥐가 나 잘 움직이지도 못할 때도 있어. 하지만 이 모든 게 네가 커 가는 과정이라 생각하니 견딜 수 있구나. 그리고 엄마만 힘든 게 아니라 아빠도 함께 나누며 걱정해 주니 아픔도 반으로 주는 것 같아. 너는 엄마 아빠가 둘만으로도 충분했던 삶에 더 근 행복을 알게 해 준 열쇠거든. 아빠, 엄마가 서로를 아끼고 사랑했다는 살아 있는 증거가 바로 너란다. 그림 속 남녀가 두둥실 뜰 정도로 사랑에 빠진 것처럼 우리의 사랑이 있었기에 지금 네가 있는 거야. 어쩌면 엄마, 아빠는 너를 위해 만나고 사랑한건지도 몰라.

아가야, 넌 가장 작은 우주를 엄마 뱃속에 품게 해 줬고 날마다 우리에게 우주에서 가장 큰 기쁨을 맛보게 하는 존재란다. 네가 함께하는 지금 이 모든 순간이 우리에겐 감동이야.

잊지 마렴. 우리는 네가 태어나기 전부터 널 기다려 왔고 널 사랑하기 위해 열 달 동안 더 깊은 사랑을 배우고 있다는 것을.

엄마는 너를 위해 노력한단다

엄마(the mother), 호흐(Pieter De Hooch), 1659~60

감성 그림 속 엄마도 지금 막 아이에게 모유를 주려고 앞가슴에 달린 끈을 풀고 있구나. 이 일은 그림이 그려진 당시, 아주 오래 전에도 그 시대 엄마들의 아주 중요한 하루 일과 중 하나였을 거야. 아기 바구니 안에 들어 있는 갓난아이가 맛있는 맘마를 먹으며 기뻐할 모습이 눈 앞에 그려진다.

그 맘마가 맛있는 이유는 엄마의 사랑과 노력이 듬뿍 들어 있기 때문이란 걸 아마 아이는 잘 모르겠지만, 엄마는 맛있게 먹는 아기를 보며 행복을 느끼겠지?

갓난아기들은 밤이고 낮이고 배가 자주 고프기 때문에, 엄마는 늘 아기가 찾을 때 모유 먹일 준비를 해야 되지. 밤에 잠을 자지 못하고 꾸벅꾸벅 졸면서 아이에게 젖을 먹이는 일도 자주 있을 거야. 엄마가 밥을 먹다가도 아이가 배고파 울면 젖을 물려야 하고, 엄마가 몸이 아플 때에도

역시 그렇게 해야 하는 거야.

아가야, 엄마는 너를 위해 노력한단다. 네가 세상에 나오고 나면 엄마 역시 엄마가 줄 수 있는 최고의 선물이라는 모유를 먹이기 위해 노력하 겠지. 다행히도 네가 먹는 만큼 충분히 줄 수 있다면 정말 기쁘고 행복할 거야. 너의 건강과 행복을 누구보다도 바라는 사람은 바로 엄마니까.

그림 속 엄마가 젖을 먹이는 동안 문 앞에서 혼자 서 있는 아이는 갓난 아기의 누나나 언니인 것 같구나. 동생이 너무 자주 엄마를 찾으니 아이 는 심심하겠지? 세상 모든 아기들은 엄마의 손길이 필요하거든. 그렇다 고 해서 동생보다 너를 덜 사랑한다거나 하는 것은 아니란 것, 꼭 알아줘 야 해.

아이의 행복을 위해 엄마는 겉으로는 보이지 않는 노력들을 계속해야

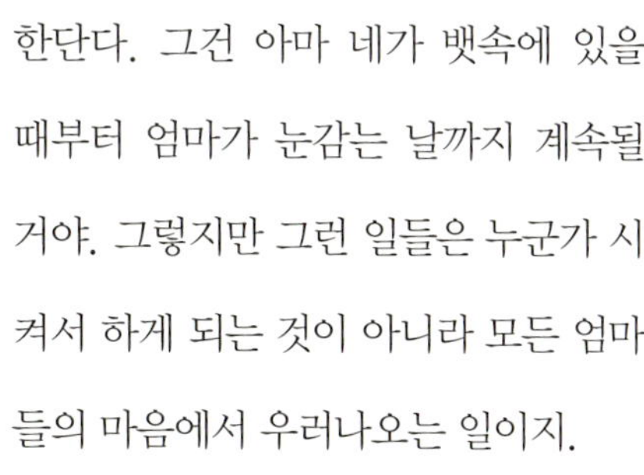

한단다. 그건 아마 네가 뱃속에 있을 때부터 엄마가 눈감는 날까지 계속될 거야. 그렇지만 그런 일들은 누군가 시켜서 하게 되는 것이 아니라 모든 엄마들의 마음에서 우러나오는 일이지.

기억해 주렴. 엄마는 너를 사랑하기에, 너를 위해 노력한단다.

이런 웃음을
가진 아이로 자라길

창가에 기댄 소년(A Peasant Boy leaning on a Sill), 무리요(Bartolomé Esteban Murillo), 1670~80

감성 미소가 아름다운 사람은 많은 사람들에게 호감을 사게 된단다. 얼굴이 예쁘거나 잘생긴 사람보다도 더 빛나는 사람은 어느 자리에서건 생글생글 잘 웃는 사람이지. 웃음이란 행복하고 긍정적인 에너지를 나뿐 아니라 주위 모두에게 전파시켜 주는 힘을 가지고 있거든. 그래서 잘 웃는 사람과 함께 있으면 행복한 사람이 되는 것 같은 기분이 들어.

그림 속 소년은 비록 옷차림은 허름하지만 천진난만한 미소를 띠고 누군가를 바라보고 있구나. 소년의 눈가에도, 입가에도, 심지어 손짓 하나에도 사람을 행복하게 하는 힘이 느껴지는 것 같아. 소년과 함께 있는 사람은 누구일까?

음~ 누구이지는 몰라도 지금 소년의 미소를 흐뭇하게 지켜보고 있을 거라고 생각해. 옛말에 "웃으면 복이 온다."고 했는데 저 소년은 행복을 부르는 사람인 것 같구나.

아가야, 엄마는 네가 이런 웃음을 가진 아이로 자랐으면 좋겠다. 자주 웃고 행복하며 주위에 함께 있는 사람들도 행복한 기분이 들게 하는 사람으로 말이야. 네가 세상에 나올 때까지 저 소년의 웃는 얼굴을 자주 보여 줄게. 그럼 너도 행복한 웃음을 가진 사람으로 자랄 수 있을 거야.

보드라운
네 살결을
만지며

아침(In the Morning), 쿠스토디예프(Boris Kustodiev), 1904

감성 온 방을 환하게 비추는 햇살이 가득한 아침. 그보다 더 밝게 빛나는 사랑스럽고 순수한 우리 아가야. 너와 함께 하는 목욕 시간 동안 보드란 살결에 닿는 물이 혹시나 차가울까 엄미는 늘 노심초사한단다. 가까이 따뜻한 물을 두고 조심스레 네 몸에 적셔 보는 엄마 손길이 어때? 괜찮니? 뜨겁진 않고?

혹시나 우리 아기 눈에 거품이라도 들어가면 어쩌나, 물이 뜨거우면 어쩌나, 엄마는 허둥대며 연약하고 자그마한 네 몸을 어떻게 잡아야 할지 대혼란에 빠질 거야. 처음부터 혼자서 널 목욕시키겠다는 용기는 아마도 생기지 않을 듯 싶구나. 아빠랑 같이 또는 할머니와 같이 두근두근거리며 준비 할거야. 배냇저고리를 조심스레 벗기고 작은 새처럼 따뜻하고 부드러운 우리 아기를 씻긴다니. 생각만으로도 가슴이 콩닥콩닥 진정이 안 되는구나. 너도 들리지? 엄마가 널 만진다는 생각에 떨리는 심장

소리가 말이야.

손싸개 안에서 꺼낸 수줍은 손과 발은 누구를 닮았을까? 요리조리 살펴보느라 바쁘겠지. 어떤 옷을 입어도 예쁜 우리 아기지만 그림 속 아기처럼 목욕 준비를 하는 너는 꼬마 천사처럼 사랑스러울 거야. 네 그런 사랑스런 모습에 엄마, 아빠는 견디지 못하고 쪽쪽 온 몸에 뽀뽀 세례를 선물하겠지. 우리 아기도 기분 좋아 같이 꺅꺅거리며 웃으려나? 귀찮을까?

그림 속 아기는 이제 혼자 앉을 만큼 제법 자랐구나. 물을 좋아하는지 욕조 속 물을 만져 보려 손을 뻗고 있네. 곧 엄마한테 첨벙첨벙 물장구를 칠 거야. 우리 아기가 저만큼 자라려면 몇 개월이나 기다려야 할까? 아니, 엄마가 저렇게 혼자서 여유롭게 목욕을 시켜 주려면 몇 개월이나 걸릴까? 누워만 있던 네가 하나 둘씩 새로운 걸 깨우치고 적응해 나갈 동안, 우리 역시 부모라는 새로운 세계를 만나고 적응해갈 거야. 우리 아기가 뒤집고, 혼자 앉기까지를 우리도 시행착오를 겪으며 같이 자랄 거란다.

그림 속 엄마처럼 능숙해질 때까지 아자 아자! 엄마, 아빠는 오늘도 그날을 위해 기운을 보내.

너를 보며
느끼는
엄마의
마음

아이는 세상에서 가장 아름답고 순수한 존재

카네이션, 백합, 백합, 장미(Carnation, Lily, Lily, Rose), 사전트(John Singer Sargent), 1885

감성 해가 지는 노을 무렵, 아까보단 싸늘한 바람이 부는구나. 하나둘씩 켜지는 불빛에 거리는 마법에 걸린 것처럼 다른 얼굴로 변하고 있어. 이 짧은 찰나를 엄마는 참 좋아해. 앞으로 너와 함께할 긴 세월 가운데 지금 겪는 이 짧은 열 달처럼 말이야. 처음에는 열 달이 무척 길 줄 알았는데 점점 불러오는 배를 볼 때마다 어찌나 순식간인지 깜짝 놀라곤 한단다.

이 그림을 그린 아저씨는 해가 지는 순식간의 아스라한 풍경을 담기 위해 무척 노력을 했어. 여러 날마다 아이들을 같은 정원에 데려가 빛을 관찰하고 그림을 그렸지. 아름다운 꽃들로 기득한 정원에서 빛보다 환한 아이들이 등을 켜는 모습. 이 마법 같은 시간 동안 아이들은 꽃보다, 불빛보다 더 눈부시고 순수하게 그림에 담겨 있단다.

사실은 세상 모든 아기들은 아주 강력한 마법에 걸려있어. 무엇보다 아름답고 순수하게 빛나는 사랑스러운 마법에 말이야. 물론 우리 아기도 마찬가지란다. 우리 눈에 그 어느 꽃보다 아름답고 불빛처럼 빛날 널 오늘도 손꼽아 기다리고 있어.

낮과 밤이 바뀐 너를 위해

잘 자렴, 우리 아가(Sleep, my Child), 제라르(Marguerite Gerard), 1788

(감성) 잠든 아기를 눕혀 놓고 곁에 선 엄마가 들고 있는 건 기타인 것 같은데. 어떤 달콤한 노래로 자장가를 불러 주고 있을까? 아기를 재우기 위해 기타까지 든 엄마의 모습을 보니 어쩐지 이 아기, 쉽게 잠드는 아이가 아닌 것 같아. 보통 갓 태어난 아기들은 아주 많은 시간 잠을 자지만 점점 커 가면서 쉽게 잠들지 못하고 칭얼대거나 밤새 울거나 해서 엄마, 아빠의 혼을 쏙 빼놓고 말지. 그러다 낮과 밤이 바뀌는 경우도 많다고 해.

아이가 울고 보채며 잠을 자지 못하면 어쩔 줄 모르는 엄마 아빠들은 대체 왜 그런지 이유를 몰라 발을 동동 구를 텐데 실제로 스페인에서는 이런 부모를 위한 아기 울음 번역기를 만들었다고 하는구나. 그만큼 아이가 울며 잠들지 못하면 부모가 얼마나 애가 타고 힘이 드는지를 나타내 주는 이야기일 거야.

네가 태어나면 어떻게 잠을 자게 될까? 너도 커가며 낮과 밤이 몇 번씩 바뀌며 엄마 아빠를 힘들게 할지도 모르지만, 걱정 마! 그림 속 아기처럼 새근새근 잠들 수 있게 엄마와 아빠는 기타뿐 아니라 온몸이 악기가 되어 노래해 줄게.

우린 널 위해 최선을 다할 거란다. 그러니 잘 자렴, 우리 아가.

그 깊은 사랑을
물려줄 때가
되었구나

편지를 읽고 있는 파란 옷의 여인(Woman in Blue Reading a Letter), 베르메르(Johannes Vermeer), 1663~64

감성 "엄마, 나 임신했을 때 입덧 심했어?"

"태몽은?"

"뭐가 자주 먹고 싶었어?"

"몸무게는 어땠어"

아가야, 네가 생긴 뒤로 엄마는 새삼스레 궁금한 게 많아졌단다. 더불어 외할머니도 오래 전 기억들을 꺼내 이야기해 주곤 하셔. 그런데 신기한 게 말이야. 그렇게 오래된 이야기인데도 외할머니는 바로 어제일처럼 생생하게 이야기를 해 주신단다. 나중에 엄마가 할머니가 되면 또 이렇게 이야기하겠지?

그림 속 여인도 누군가가 보낸 편지를 읽고 있구나. 뒤에 걸린 큰 지도를 보니 멀리 떨어진 이가 보낸 편지 같아.

멀리 출장을 나간 아이 아빠 편지일까, 아니면 멀리 시집간 딸의 안부를 묻는 그리운 부모님에게서 온 편지일까. 두 손으로 꼭 쥐고 차분히 읽는 모습이 애틋하면서도 간절해 보이는구나.

엄마도 우리 아기가 생기고 나서 건강 검진을 받거나 초음파 사진을 찍으면 꼭 할아버지, 할머니께 전화를 드리곤 한단다. 잘 보이지도 않는 전화기 사진으로 네 모습을 확인하시면서 "콧대는 영락없는 아기 아빠네. 입술은 엄마인 거 같아. 요즘은 이렇게 동영상도 보이니? 정말 세상 좋아졌구나." 신기해하며 몇 번이나 보시는 모습이 천진난만한 아이 같아 웃음도 나와. 네가 세상에 나오면 해 주고 싶은 것이 엄마, 아빠보다 더 많은 분들이 바로 할머니, 할아버지셔.

지금까지 자녀였던 우리도 부모가 된다니—
'우리 아기는 이렇게 자라면 좋겠다.'
'우리 아기와 이런 걸 해보면 어떨까?'
즐거운 상상 놀이를 시작하곤 해. 그러다 문득 할아버지, 할머니께서도 엄마, 아빠를 품었을 때 '이랬겠네—'. 생각이 들더구나. 여전히 할아버지, 할머니는 그때처럼 우리에게 자주 이야기를 건네신단다.

"우리 보물은 잘 크고 있니?"

"엄마, 아빠는 아픈 곳 없이 잘 지내고 있어?"

"혹시나 무리하고 있는 건 아니지?"

가끔 1분도 안 걸리는 무뚝뚝한 전화 통화라도 가슴 깊숙한 곳에 담겨 있는 사랑을 알기에 엄마는 마음이 참 따뜻해진단다.

입덧이 심해 외할머니 음식이 그리울 때나, 몸이 힘들어 너무 지칠 때도 '아, 우리 엄마도 나를 이렇게 품고 낳아 길러 주셨구나.' 생각이 들어 미움이 먹먹해지기두 해. 그러다 가끔 속 썩인 일들도 떠올라 마음이 더욱더 무거워진단다.

'만약 우리 아기가 그런다면 어떡하지?'

아이구. 할아버지, 할머니께 더욱더 잘해 드려야겠다는 생각이 드는구나. 지금까지 당연하듯 받고 자란 사랑을 이젠 우리가 네게 물려줄 때가 되고 있어. 우리가 받은 그 깊고 깊은 사랑을 네가 느낄 수 있길. 네가 조금씩 자랄 때마다 우리가 물려줄 사랑도 자라고 있단다.

너의 시작을 언제나 응원한단다

첫 번째, 두 번째 예배(first sermon, Second sermon),
밀레이(Sir John Everett Millais), 1862~63, 1864

목사님 설교가 슬슬 길어질 무렵 한 여자아이가 눈에 띄는구나.

발도 닿지 않는 높은 의자에 앉아 꼿꼿하게 허리를 세운 야무진 여자아이가 보이니? 저기 곱슬곱슬한 머리카락 위에 깃털 모자를 쓴 여자아이 말이야.

옷도 흐트러짐 없이 갖춰 입고 설교에 집중하는 모습이 어찌나 귀여운지. 앙증맞게 다문 입술과 초롱초롱한 눈빛, 발끝까지 긴장감이 묻어 있는 꼬마 숙녀가 있구나.

아마 오늘이 난생 처음 교회에 온 날인가 봐. 낯선 어른들 틈에서 온몸이 긴장한게 한눈에 보이는 구나.

오늘을 위해 얼마나 들떴을까.

"나 이거 입고 갈 거야. 이 신발 꺼내 줘~"

첫 예배 때 입고 갈 옷을 고른다고 엄마랑 한참 실랑이도 벌이고 거울에 비친 모습을 보면서 잔뜩 신이 났을 거야.

부모님과 함께 교회 오는 길도 마냥 들떠 재잘재잘 어린 새처럼 떠들었겠지? 하지만 교회에 들어온 뒤에는 막상 낯선 어른들과 어려운 말들이 가득한 예배에 잔뜩 주눅이 들었을 거야. 그래도 끝까지 바르게 앉아 있으려는 아이의 모습이 참 기특하다. 그치?

"지금 우리 아기는 엄마 뱃속에서 편하게 있니?"
"엄마 목소리를 듣는 이 시간이 네가 편한 시간이 되었으면 좋겠어."

잠시만. 어디 보자~

부모님 눈에도 기특한 딸의 모습이 얼마나 사랑스러웠겠니. 그래서 꼬마 숙녀 아빠는 난생 처음 교회에 간 딸 에피의 모습을 이렇게 그림으로 그렸단다.

그런데 웬걸. 에피의 두 번째 예배 모습은 처음과 많이 달라진 모습이야. 첫 예배 때 긴장감은 다 사라지고 그만 잠이 들고 말았어. 곤히 자고 있는 모습이 어휴~ 차마 깨우지는 못하겠다.

"어떻게 엄마가 깨워 볼까?"
"깨우지 않는 게 낫겠다고. 그래, 우리 살금살금 같이 지켜보자."
그런데 에피가 잠에서 깬 뒤 울지는 않을까 걱정이다. 어떻게든 바른 자세로 버티려고 노력했는데 그만 잠이 들고 말았잖아. 혹시나 부모님께 혼나지 않을까 잔뜩 겁먹었을지도 몰라.

　하지만 아가야, 부모 마음은 자식의 작은 행동, 실수하는 모습도 다 사랑스러운 법이야. 이렇게 에피 아빠가 잠든 모습까지 그림으로 그린 걸 보면 알겠지?

　우리 아기가 뱃속에서 처음으로 움직이던 날, 엄마는 손끝까지 퍼지는 감동에 그만 눈물이 나올 뻔했단다. 그리고 네 얼굴을 초음파로 처음 만나던 날, 목소리를 듣고 발길질로 빵하고 배를 치던 날. 네 손과 발이 배 위로 느껴지던 그 모든 순간을 잊을 수 없는 떨림으로 기억하고 있어. 우리 아기가 처음으로 울음을 터뜨릴 그 순간부터 난생 처음 내뱉게 될 말까지— 우리는 네가 시작할 수많은 것들을 늘 상상하고 있어.

　니가 태어나 하나씩 배워 가며 시작할 그 모든 순간을 기억할 거란다. 시작이 다른 아기들보다 늦어질지도 몰라. 하지만 언제가 되든지 널 믿고 기다릴 거야. 모든 꽃들과 열매들이 한날 한시에 맺는 게 아닌 것처럼 너만의 시간으로 시작할 수 있음을 믿고 응원할게.

　넌 사랑스러운 우리 아기니까.

아빠와 함께 보내는 시간

으뜸패(Trumped), 헤인스(John William Haynes), 1862

'아빠는 어떤 카드를 낼까? 이 마지막 카드만 내면 내가 이기는데~.'

"아빠, 빨리 카드 내세요."

"음. 이걸 낼까? 아님 이쪽 손에 있는 걸 낼까?"

"그만 고민하고 빨리요. 아빠."

아이는 손에 들고 있는 카드 한 장만 내면 아빠를 이길 것 같아, 웃음이 실실 새어 나오는데 아빠는 한참 고민만 하고 계시네. 아이는 테이블보가 흘러내리는 줄도 모르고 바짝 몸을 당겨 아빠를 기다리는데 말이야. 이렇게 들뜬 아들에 비해 아빠 얼굴은 참 느긋해 보이지. 왜일까? 아무래도 아빠는 승부가 목적이 아니라 아들과 함께 하는 시간이 더 큰 기쁨인 것 같아.

"응? 벌써 저 그림 속 아이가 부럽다고?" 너도 저렇게 아빠와 다정한 시간을 가질 거야. 네가 생긴 날부터 아빠는 너와 함께할 시간들을 상상하며 기다리고 있거든.

비록 아무리 바쁜 아빠라도 널 사랑하고 기다리는 마음은 언제나 가득 흘러 넘쳐나고 있어. 아빠가 태워 주는 비행기도, 넓은 아빠 품에 안겨 보는 세상도 궁금하지 않니? 우리 아기를 위한 즐거운 웃음의 씨앗들이 아빠 품에서 기다리고 있단다. 아빠랑 함께할 즐거운 시간들을 그리며 그림 속 아이처럼 들뜬 마음으로 세상에 나오렴.

잠든 너를
바라볼 때의
마음이란

요람(Le Berceau), 모리조(Berthe Morisot), 1872

감성 하얀 베일 속 새근새근 잠자는 아기. 어떤 고운 꿈속을 여행하고 있을까? 잠이 든 아기를 살짝 가려 주는 베일 끝을 손으로 잡고 조심스럽게 내려다보는 엄마의 모습이 보이는구나. 모든 것이 조용한 이 시간, 평화롭고 오직 쌕쌕대는 아기의 숨소리만 들리는 방 안에서 엄마는 한쪽 팔로 턱을 괴고 조용히 아기를 바라본다.

아기의 눈, 코, 입, 그리고 사랑스러운 두 볼과 꼬물꼬물 작고 귀여운 손가락, 발가락, 작고 가는 머리카락 한올 한올까지. 엄마는 아기를 만져 보고 싶지만 혹시 잠에서 깰까 차마 못하고 그저 아기 위에 드리운 베일 자락 끝만 만지작거리는구나.

네가 세상에 나와 포근한 요람 안에서 잠이 들 때 엄마도 저런 모습일 거야. 천사같이 잠든 너의 모습을 보며 세상 누구보다 부자가 된 기분일 거야. 너의 작고 귀여운 눈, 코, 입, 볼에 살짝 입 맞추고 네가 혹시 잠에서 깰까 조심조심 토닥일 거야. 잠든 너를 바라보는 엄마의 마음이란 언제나 행복할 것 같아. 너는 엄마의 가장 소중한 보물이니까.

너에게
들려주고 싶은
삶의 교훈

두 번 째 이 야 기
Wisdom

젊음은 영원하지 않다

작은 것이 큰 것을 이긴다

자유로운 생각이 너를 특별하게 한단다

가끔 다른 눈으로 세상을 보렴

돈은 버는 것도 중요하지만 쓰는 것도 중요해

현명한 부모가 되길 기도한단다

너의 재주를 아끼되 늘 노력하렴

땀 흘리며 뛰노는 재미를 알기에

아는 것이 힘이다

자연스레 보고 배우는 지혜

틀리는 걸 두려워 마렴

호기심 가득한 세상 속으로 함께 떠나자

두 번째
지　혜

젊음은 영원하지 않다

젊음의 샘(The fountain of youth), 크라나흐(Lucas Cranach the elder), 1546

지혜 우글우글―

많은 사람들이 목욕을 하고 있는 그림이야. 네가 태어나면 엄마나 아빠랑 같이 목욕탕에 가겠지만 여긴 좀 신기한 목욕탕이란다. 왜냐고? 여긴 바로 들어가기만 하면 감쪽같이 섦어지는 젊음의 샘이서든.

그림 왼쪽을 보렴.

쭈글쭈글한 할머니들이 들것에 실려 오고 계셔. 할머니들은 나이가 드셔서 걸어오기도 힘이 드신가 봐.

"그런데 좀 이상하지?"

할머니들이 가운데 목욕탕에 들어가서 조금 지나면 짜잔― 오른쪽에 있는 여자들처럼 젊고 아름다워지네! 아무래도 이 목욕탕은 요술쟁이가 만들었나 봐.

너는 아직 엄마 뱃속에 있지만, 네가 태어나면 모든 사람들이 너를 예뻐할 거야. 아기란 그런 존재거든. 가장 어리고 아름답고 또 한없이 사랑스러운 존재.

보들보들 부드러운 피부에 발갛게 물든 볼, 반짝반짝 빛나는 눈빛. 세상의 모든 아기는 아름답단다. 그런 너도 한 살 한 살 나이가 들어가면서 외모에 신경을 많이 쓰게 되겠지?

"엄마, 내 눈은 왜 이렇게 생겼어?"

"코가 좀 높았으면 좋겠어요."

"피부는 누구 닮아서 까만 거야?" 하면서 불평불만을 늘어놓기가 쉬울 거야. 원래 사람이란 자기 외모에 100% 만족할 수 없거든.

엄마는 네가 너의 외모를 신경 써서 잘 가꾸고 너를 스스로 아름답게 만들어 가는 것이 중요하다고 생각해. 하지만 외모에만 치중해서 다른 중요한 것들을 놓치게 되는 실수를 하지 않았으면 좋겠다.

늘 거울만 들여다보며 내 얼굴이 조금만 더 아름다웠으면 하고 바라다가는 인생의 다른 아름다운 것들을 놓치기가 쉬워. 나이가 점점 들어가면서 얼굴은 쭈글쭈글 주름이 생기고 머리는 희끗희끗 흰머리가 생겨나 우리의 외모는 빛이 바래게 되는데 그림 속 할머니들처럼 요술의 샘에 들어가서 다시 젊고 아름다워질 수 있다면 너무 좋겠지만 안타깝게도 저런 일은 현실에서는 일어나지 않는 마법이거든. 그렇다면 나이 들어가는 것을 슬퍼하고만 있어야 할까? 그렇지 않아.

젊음은 아름답지만 세상에는 젊음보다 더욱 아름다운 것들이 많이 있단다. 그게 뭔지 궁금하다고? 엄마가 답을 알려 주기보다는 네가 자라면서 스스로 하나하나 찾을 수 있다면 좋겠다.

그래도 늘 젊고 아름다운 모습이길 바란다면 한 가지 힌트를 줄까?

그림 오른편에서 마법의 샘에 들어갔다가 젊어진 사람들은 짝을 지어 춤추고 떠들며 즐거운 시간을 보내고 있어. 좋아하는 사람이 생긴다면 가슴이 두근두근 심장이 빨리 뛰고 몸에 좋은 호르몬이 생겨나서 우리를 젊어 보이게 한단다. 또 좋아하는 사람에게 더 아름답게 보이고 싶은 마음에 자기를 더욱 단장하게 되겠지?

"아가야, 기억해 두렴. 젊음은 영원하지 않아. 하지만 젊은 마음으로, 청춘의 기운으로 살아갈 수는 있단다. 바로 늘 누군가를 열심히 사랑하며 살아가면 돼."

작은 것이
큰 것을 이긴다

다비드상(David), 미켈란젤로(Michelangelo di Lodovico Buonarroti Simoni), 1504

지혜 여기 한 소년의 조각상이 있어.

작은 체구에 곱슬머리를 한 미소년이구나. 돌로 만든 조각상인데 어쩜 이렇게 생생한지 마치 소년이 살아 숨 쉬는 것 같은 느낌이야. 소년의 눈과 굳게 다문 입에서 뭔가 굉장한 결심을 한 것 같아.

"그런데 소년이 손에 꼭 쥐고 있는 게 뭘까?"
"바로 돌멩이야. 저 돌은 무엇에 쓰려고 하는 걸까?"

옛날이야기를 하나 해줄게.

소년의 이름은 다비드, 혹은 다윗이라고도 한단다. 다윗은 작고 어린 소년이었지. 소년이 살던 나라는 당시 다른 나라와 힘겹게 싸우고 있었단다. 적의 나라에는 골리앗이라는 장수가 있었는데 무척 키가 크고 용 맹스러워서 모두들 그를 '거인 골리앗'이라고 불렀지. 골리앗이 일단 전 투에 나타나기만 하면 상대편 병사들은 겁을 먹고 도망가기 일쑤였단다. 바라보는 것만으로도 두려운 사람이었거든.

그런데 소년 다윗은 자기가 골리앗을 상대하겠다며 나섰지. 다윗이 처 음에 골리앗과 싸우겠다고 했을 때 누구도 그가 이길 것으로 생각하지 않았단다. 작은 소년과 큰 거인의 싸움이니 당연히 다윗이 질 거라고 생 각했지만 다윗은 모두의 예상을 깨고 승리를 거두었지.

"어떻게 된 일이냐고?"

소년은 골리앗을 힘으로는 이길 수 없다는 것을 알고 있었단다. 대신 지혜를 발휘했지. 소년은 손에 쥐고 있던 돌멩이를 힘껏 던져 골리앗을 쓰러뜨렸어. 골리앗은 덩치는 컸지만 오히려 그 때문에 날아오는 돌멩이 가 맞추기에 더 쉬운 상대였거든. 골리앗이 쓰러졌을 때 사람들은 놀라 움을 감추지 못했고 결국 지혜로웠던 다윗은 나중에 그 나라의 왕이 되 었지.

다윗과 골리앗의 이야기를 너에게 들려주는 이유는 불가능해 보이는 일이 가능할 수 있다는 것, 작은 것이 큰 것을 이길 수 있다는 교훈 때문이란다. 네가 나중에 자라서 어렵다 생각하는 일에 부딪혔을 때, 도저히 이길 수 없을 것만 같은 상대를 만나 고민할 때 이 이야기를 한 번쯤 떠올려주길 바랄게.

다른 대부분의 화가들은, 다윗이 쓰러진 골리앗을 발밑에 두고 이기는 순간을 그렸지만 이 작품을 조각한 미켈란젤로 아저씨는 다윗이 이제 막 돌을 들고 단단히 결심하며 다짐하는 순간을 표현했단다.

"그 이유가 뭘까?"

어떤 일을 만나더라도 굳은 의지와 상대를 두려워하지 않는 용기를 가지고 있다면 이미 너는 반쯤은 성공한 것이나 다름없다. 작은 것으로 큰 것을 이기는 경우는 언뜻 생각하기에 불가능할 것 같지만 사실 세상 속에서 자주 볼 수 있는 풍경이란다.

자유로운 생각이 너를 특별하게 한단다

수영하는 사람(The swimmer), 피카소(Pablo Picasso), 1929

지혜 첨벙첨벙—

지금 너는 엄마의 뱃속에서 자유롭게 헤엄치고 있을까? 세상의 모든 아기들은 누구나 엄마의 아기집에 가득 찬 양수 속에서 헤엄치며 나올 준비를 하지. 그래서인지 수영하는 사람들은 물속이 포근한 엄마의 품처럼 느껴진단다. 물속에서 둥둥— 떠다니며 몸을 맡기고 편안히 눈을 감는 상상을 하면 엄마의 몸도 어느새 가장 편하고 자유로운 상태가 된 것 같아.

"그림 속 수영하는 사람은 어떻게 생긴 걸까?"

얼굴도 보이지 않고 팔과 다리만 있어! 모델이 정말로 저렇게 생겼던 건 아니고 화가인 피카소 아저씨는 푸른 물속에서 자유롭게 수영하는 사람을 그린 거야. 마치 물과 몸이 하나가 된 듯이, 헤엄치는 나의 팔과 다리가 물속에 녹아든 것처럼 자유롭게 헤엄치는 사람을 그리고 싶었던 거지.

"어때? 보기만 해도 너무나 편안하고 자유롭게 느껴지지 않니?"

피카소 아저씨는 남들과 다른 그림을 그렸지만 아저씨의 자유로운 생각은 작품으로 나타나 많은 사람들에게 감동을 주었단다.

네가 태어나면 누구보다도 엉뚱하고 기발한 상상으로 엄마를 웃게 해 줄래? 그런 생각들이 너를 더욱 특별하게 만들어 줄 거야.

심금(La corde sensible), 마그리트(René Magritte), 1960

가끔 다른 눈으로
세상을 보렴

네가 엄마 뱃속에서 나와 만나는 세상은 어떤 느낌일까? 작은 강을 따라 내려와 처음으로 넓은 바다를 만난 물고기처럼 이 커다란 세상은 온통 놀라운 일투성이일 거야. 어린아이들의 눈으로 보면 이 세상은 참 신기하고 재미있는 곳이란다. 그런데 어른이 되어 갈수록 점점 그런 모습들이 재미없고 평범하게만 느껴져. 그 이유가 뭘까?

아이들은 어른들이 나이가 들면서 잃어버린 것을 갖고 있단다. 그게 뭐냐고? 바로 상상력이야. 엉뚱해 보이는 상상은 때로 세상을 바꾸어 놓기도 한단다. 옛날 사람들은 해가 지고 밤이 되면 깜깜하니까 아무것도 못하고 잠만 자는 것이 당연했고, 사람은 날개가 없으니 하늘을 날지 못하는 것이 당연했어. 하지만 지금은 어떤 줄 아니? 밤에도 환한 불을 밝혀 주는 전기를 만들었고 하늘을 날 수 있는 비행기도 만들었단다. 이건 모두 처음에는 "엉뚱해!"라고 놀림 받던 사람들의 상상력에서 나온 결과야.

"그럼 우리도 재미있는 상상을 해볼까?"

"엄마, 어떻게요?"

"아주 커다란 유리잔속에 구름을 담아 보는 거야. 솜사탕처럼 포근포근─ 폭신폭신한 저 구름을 잡아 보고 싶지 않니?"

"와─ 재밌겠다!"

"엄마와 함께 구름을 베고 누워 있다면 어떤 기분일까?"

마그리트 아저씨는 맑은 날, 파란 하늘에 떠 있는 구름을 잡아 보고 싶었던 건가 봐. 유리잔에 담긴 구름은 너의 뽀송뽀송한 솜털처럼 가볍고 기분 좋아 보여. 그럼 이번엔 창가로 가보자.

✻ ✻ ✻ ✻ ✻ ✻

유리창 밖으로 보이는 바깥 날씨가 너무 좋아서 네 손을 꼭 잡고 한참 서서 구경하고 싶구나. 멀리 보이는 파란 하늘, 하얀 구름, 초록빛 나무와 들판… 이 멋진 경치를 그림으로 그대로 옮겨 놓고 싶어.

"그래서 '짜잔─' 창문에 다리를 달아 커다란 캔버스로 만들었어."

"창문 위에 '슥삭슥삭─' 해도 되요?"

"그럼, 구불구불 선도 그리고 알록달록 색도 칠하고 어느새 창문으로 보이는 풍경은 멋진 한 장의 그림으로 변해 버렸네!"

지금보다 옛날에는 눈에 보이는 예쁜 풍경을 아주 똑같이 남겨 놓는

빛의 제국(The empire of light), 마그리트(René Magritte), 1954

것이 불가능했지만 이것도 누군가의 엉뚱한 상상으로 가능한 일이 되었어. 어떻게 할 수 있냐고? 바로 찰칵찰칵- 카메라로 그 풍경을 찍어 두면 돼. 그럼 마그리트 아저씨의 그림 속 상상 캔버스처럼 멋진 한 장의 사진이 될 거야. 사진이 너무 심심하다면 그 안에 그림을 그려 보자. 우리들의 엉뚱한 상상으로 사진은 더욱 즐거워질 거야.

＊　　＊　　＊　　＊　　＊　　＊

이번엔 보기만 해도 마음이 잔잔하고 편안해지는 그림이야. 호숫가에 서 있는 집 한 채. 그리고 나무…. 어느 조용한 날에 엄마도 너의 손을 잡고 집 앞의 호숫가를 걷는 상상을 하면 기분이 좋아져. 그런데 그림을 자세히 보면 뭔가 특별한 일이 일어나고 있어. 잘 모르겠다고? 그럼 하늘을 보렴. 파란 하늘에 떠 있는 흰 구름- 지금은 분명히 낮이야. 그런데 집 앞에는 어둠이 살짝 깔려 있고 가로등 하나가 켜져서 길을 비춰 주네. 가로등은 깜깜한 밤에만 길을 환하게 밝혀 주는 일을 하는데 말이야.

궁금하지 않니? 지금은 밤일까 낮일까? 하지만 어느 쪽이든 지금 우리 눈에 보이는 풍경은 참 아름답구나. 낮의 환한 하늘과 밤의 고요한 불빛을 모두 보여 주는 마그리트 아저씨의 그림이 너와 엄마가 함께 있는 이 세상을 좀 더 평화롭게 만들어 주는 것 같아.

가끔은 엉뚱하더라도 좀 다른 눈으로 세상을 보렴. 생각만으로도 너의 인생은 좀 더 특별하고 기분 좋은 일들이 가득할 거야.

두 번째
지 혜

돈은 버는 것도
중요하지만 쓰는 것도
중요해

금융가와 그의 아내(The moneylender and his wife), 마시스(Quentin Matsys), 1514

네가 태어나고 일 년이 지나던 너의 첫 번째 생일에 아마 돌잡이라는 걸 하게 될 거야. 돌잡이가 뭐냐고? 아기가 태어나고 처음 맞는 생일에 집안 어른들이 나중에 우리 아가가 커서 어떤 사람이 될까─ 궁금한 마음에 이것저것 아기 앞에다 물건을 놓아 두신단다. 밥 먹고 살 걱정 없으란 뜻의 쌀도 있고, 오래오래 살라는 뜻의 실도 있고, 이것저것 좋은 뜻을 가진 물건이 많은데 그중에 흔히 돈도 있어. 넌 아직 돈이 뭐에 쓰는 물건인지 잘 모르겠지? 돈은 네가 갖고 싶은 물건을 살 수 있게 해 준단다. 살아가면서 무척 중요한 물건이야.

엄마도 돈이 많이 있었으면 좋겠어. 돈이 많으면 우리 아가한테 예쁜 옷도 사 줄 수 있고 맛있는 간식이랑 재미있는 책이랑 장난감도 사 줄 수 있거든. 그래서 엄마와 아빠는 열심히 일해서 돈을 벌고 또 그 돈을 차곡

차곡 모아 놨다가 필요한 곳에 써야 한단다.

그림 속에서 보이는 남자는 그날 번 돈을 저울로 달아 보고 있어. 저때는 반짝반짝 빛나는 금으로 돈을 만들었단다. 남자의 조심스러운 태도가 그 사람이 돈을 얼마나 귀하게 여기는지 말해 주는 것 같구나. 그의 부인도 책을 읽으며 남편이 돈의 무게를 재는 걸 보고 있는데 어쩐지 조금 불안해 보이는 표정이야.

아마 두 사람은 열심히 일해서 돈을 벌고 저축하며 성실하게 살아가는 부부일 거야. 그런데 부인이 걱정하는 건 뭘까? 혹시 남편이 돈을 모으는 데만 너무 신경을 쓰고 있다고 생각하는 건 아닐까? 돈 자체를 너무 중요하게 생각하는 나머지 모으기만 하고 아까워서 쓰지 못하게 되는 건 아닐까?

아가야, 엄마는 네가 나중에 돈을 많이 벌었으면 좋겠다. 왜냐고? 우리는 모두 행복해지기 위해 살아가거든. 네가 돈이 많다면 하고 싶은 일들을 하면서 행복해질 수 있는 기회가 더 많이 생길 거야. 하지만 아무리 돈을 많이 벌더라도 그걸 지혜롭게 쓰지 못하면 아무 소용이 없단다. 돈은 버는 것도 중요하지만 쓰는 것도 중요해. 네가 앞으로 계획을 세워 열심히 돈을 모으고, 네가 가치 있다고 생각하는 일에 쓸 수 있는 지혜로운 사람이 되기를 엄마는 바라고 있단다.

너에게 들려주고 싶은 삶의 교훈

현명한
부모가 되길
기도한단다

버릇없는 아이(The Spoilt Child), 그뢰즈(Jean-Baptiste Greuze), 1763

스윽-. 콩닥콩닥 두근거리는 심장 소리가 엄마한테 들리지 않을까? 이건 맛이 없는 거라 엄마 몰래 강아지한테 주려는데. 설마~ 엄마가 봤을까? 슬쩍 고개를 들어 보니 흠칫! 이런, 엄마는 이미 다 알고 있다는 표정으로 아이를 바라보고 있어.

아뿔싸. 이걸 어쩐담. 이 그림을 보고 엄마는 꼬마 아이 표정에 푸하하 한바탕 웃고 말았지 뭐야. 신나게 웃고 난 뒤 그림을 다시 보니 처음과 달리 많은 생각이 들더구나.

육아에 살림, 거기다 일까지 하느라 시간이 어떻게 지나가는지도 모르는 바쁜 엄마의 하루. 고개를 들어 보니 벌써 밥 먹을 때야. 엄마는 하던 일을 잠시 멈추고 여기저기 흩어져 있는 옷가지와 주방 도구들을 한쪽으로 밀어 둔 채 우리 아기를 위해 열심히 요리를 했어.

그리고 식사를 차려줬는데, 아 이런! 요 앙큼한 아들이 먹기 싫다고 강아지한테 몰래 주고 있네. 이를 어쩌지? 이미 아이는 '큰일 났다!' 후회와 겁으로 얼굴이 굳어 가고 있고 말이야. 엄마는 잔뜩 뿔이 났겠지?

그런데 아가야, 그림 속 엄마 얼굴을 자세히 보렴.

엄마 얼굴은 오히려 이런 아이가 사랑스럽다는 듯 지그시 바라보고 있단다.

"엄마 마음은 그렇지 않지만 잘못한 건 혼나야지."

혼낼 준비를 하는 몸짓도 보이는구나.

우리는 하루에도 몇 번씩 널 어떤 아이로 키울까 고민한단다.

아빠와 함께 "우리 아기는 어떤 사람이 될까?" 이야기도 해보고 드라마나 영화를 볼 때도 "저런 사람처럼 자라면 어떨까?" 상상도 해.

엄마, 아빠의 장점만 닮아 어디에 있든지 행복한 사람으로 자라게 도와주고 싶은데 말이야. 그러면 어떤 가치를 우선으로 알려 주고 우리는 또 어떤 모습을 보여 줘야 하는 걸까?

친구 같은 부모가 되겠다고 자녀와 부모 사이 경계를 무너뜨리는 행동은 하지 않도록 자주 뒤돌아봐야겠지. 네가 무척이나 사랑스러워 두 눈이 멀지언정 부드러울 때는 한없이 부드럽다가도 엄할 땐 엄한 코치가

돼야 한다고 다짐하고 있단다.

전혀 다른 삶의 방식으로 몇십 년간 각각 살아온 남녀가 부부로 만나 이해하고 맞춰 가는 데 걸린 시간처럼 네가 가지고 태어나는 기질을 이해하고 이끌어 주는데도 많은 인내심과 지혜가 필요할 거야. 부부에서 부모란 새 이름표를 받은 엄마, 아빠는 어떻게 널 받아들여야 할지 오늘도 생각한단다.

그림 속 아이가 버릇없어 보일지라도 엄마는 네 마음 다 알고 있는 걸.

"맛이 없었나 보구나. 많이 쓰니? 그럼 다른 반찬이랑 같이 먹어 볼래?" 하며 무조건 혼내기보다 네 마음과 감정을 받아들이고 이해하려고 노력할게.

"강아지가 배가 고파 보였구나. 강아지 밥그릇이 뒤에 있단다. 강아지는 강아지 밥을 먹어야 안 아프겠지? 강아지도 챙겨 주려고 한 그 마음 참 예쁘네." 라며 부정적인 모습이 아니라 긍정적인 모습을 찾아내 칭찬해주려 노력할게.

한 번 더 생각하고 다독이며 제대로 꾸짖을 줄 아는 현명한 부모가 되길. 오늘도 기도한단다.

너의 재주를
아끼되
늘 노력하렴

아라크네의 우화(The Fable of Arachne), 벨라스케스(Diego Velazquez), 1657

(지혜) 방 안에서 여자들이 모여 바쁘게 일하고 있어. 빙글빙글- 돌아가는 저 바퀴같은 물건이 뭘까? 바로 물레란다. 옛날 사람들은 물레를 돌려 실을 잣고 그걸로 옷감을 만들곤 했지. 일하는 여자들의 뒤쪽으로 보이는 건 아주 오래된 옛날이야기의 한 장면이야.

옛날 그리스의 어느 마을에는 아라크네라는 소녀가 살고 있었단다. 아라크네는 마을에서 가장 옷감을 잘 짜는 소녀였어. 우쭐해진 아라크네는 아테나 여신보다도 자기가 더 옷감을 잘 짠다고 모두에게 자랑하고 다녔지. 그러던 어느 날 진짜 아테나 여신이 찾아왔어. 둘은 누가 더 옷감을 잘 짜는지 함께 앉아서 시합을 하기로 했단다. 아라크네기 짠 옷감을 보고 아테나 여신은 불같이 화를 냈어. 그 옷감에 새겨진 그림은 아테나를 비롯한 여러 신들이 질못을 저지른 내용이었거든. 아라크네는 신들을 놀리기 위해 일부러 그 그림을 옷감에 수놓은 것이었어.

그림 속에서 여자들 뒤쪽으로 서 있는 사람들이 보이지? 가운데 서 있는 여자는 아라크네, 그 옆에 투구를 쓰고 서 있는 사람은 여신 아테나야. 자기가 가진 재주만 믿고 뽐내기만 했던 아라크네는 결국 거미가 되어 평생 실을 잣고 살게 되어 버렸어. 사람은 누구나 자신만의 재능을 가지고 있지. 너도 태어나 자라면서 스스로 가장 잘할 수 있는 게 뭔지 깨닫게 될 거야. 하지만 그것만을 믿고 너무 자만해서는 안돼. 스스로 너의 재주를 아끼되 늘 노력해야 너의 재능이 더욱 빛날 수 있단다.

땀 흘리며
뛰노는 재미를
알기에

아이들의 놀이(Children's Games), 브뢰헬(Pieter Bruegel-The Elder), 1560

까꺄~ 엄마 이거 봐~. 왁자지껄 아이들 소리로 가득한 놀이터 앞을 지날 때마다 '나도 얼른 우리 아기랑 같이 놀러 와야지.' 생각에 괜스레 발걸음도 가벼워진단다. 하지만 아이들로 가득하기보단 텅 빈 경우가 많은 놀이터를 보면 그 적막함에 쓸쓸해지는구나. 아이들의 웃음소리로 가득 차야 할 곳이 아무도 찾지 않는 외톨이라는 사실에 말이야.

엄마아빠 어릴 적엔 돌멩이 하나만 있어도 신나게 놀았단다. 소꿉놀이 도마나 그릇도 되고, 땅따먹기나 비석 쓰러뜨리기 등 돌멩이 하나로 놀일이 참 많았는데 요즘 아이들은 게임기가 없으면 나눌 이야기조차 없다고 하는구나. 이런 슬픈 현실 속에 너를 키워야 한다 생각하면 그저 마음이 답답할 뿐이야. 그림 속 아이들을 보렴. 게임기, 컴퓨터 하나 없이도 둘레에 있는 사소한 물건들로 신나게 놀 수 있는데 말이야.

그림 속 아이들을 보면 말타기도 하고 팽이도 치고 있단다.

어라~. 말뚝박기도 하고 있네. 세상 어디든 아이들이 하는 놀이는 크게 다른 게 없는 거 같아 왠지 기쁘기도 한걸. 우리 아기도 세상에 나오면 엄마랑 그림 속 놀이를 하나씩 해 보자꾸나. 같이 뒷산에 올라 솔방울도 주워 반짝이풀을 발라 트리를 만들고, 돌탑도 쌓아 보고 무당벌레도 한참 바라보는 시간을 가져 보자. 그러는 김에 하늘도 한 번 더 보고 흙도 더 만져 보고 땀도 뻘뻘 흘려 가며 신나게 뛰어 보는 거야.

우리 아기에게 모두가 가고 싶은 한 길만 보여 주기보다 살아가기 위해 필요한 더 많은 길을 알려 주고 싶구나. 거미에게 인사도 건넬 줄 아는 여유롭고 세심한 사람으로 자라길 꿈꾼단다.

아는 것이 힘이다

아는 것이 힘이다(knowledge is power), 조셉 가이(Seymour Joseph Guy)

책장을 정리하다 문득 너는 어떤 책을 가장 좋아할까 궁금해지는구나. 다 재미있을 거 같아 못 고르겠다고? 엄마도 솔직히 어떤 책을 먼저 읽어 줄지 잘 못 고르겠어. 그래도 밤에 책을 읽어 줄 때마다 움직이는 우리 아기가 어찌나 기특한지. 목소리를 듣고 꼬물꼬물거리는 널 느낄 때마다 기쁨의 탄성이 터져 나온단다.

세상에서 가장 듣기 좋은 소리가 내 아이 책 읽는 소리고, 세상에서 가장 보기 좋은 모습이 내 아이 밥 먹는 모습이래. 아직 네가 책을 읽는 건 아니지만 우리 목소리로 책을 듣고 있다 생각하면 벌써 훌륭한 엄마가 된 듯 뿌듯하구나. 그림 속 여자아이 역시 보고 있는 책이 무척 재밌나 봐. 엄마도 즐겁고 평온해 보여. 사랑하는 아이와 좋은 것을 나누는 모습이라니. 그림 속 엄마가 부럽구나. 엄마가 좋아하는 걸 너도 아껴 준다면 세상에서 가장 든든한 지원지를 얻은 기분일 거야. 이 그림처럼 우리도 함께 책을 나누는 것도 좋겠다.

잠자리에서 책 한 권으로 떠나는 여행은 어때? 같이 여행을 하면서 차곡차곡 지혜도 쌓이겠지?

세상 모든 것들이 아는 만큼 보인다는 말처럼 배움도 큰 힘이지만 네가 마음을 열고 이해하려는 자세도 큰 힘이 된단다. 사랑의 다른 말이 이해라고도 하잖니. 이해하려고 노력할 줄 아는, 사랑이 가득한 사람이 되면 좋겠어.

자연스레
보고 배우는 지혜

로사와 베르타구거(Rosa and Bertha Gugger), 앙커(Albert Anker), 1885

지혜 "엄마가 꿈꾸는 장면이 하나 있는데 들어 볼래?"

청소하는 엄마를 따라 고사리 같은 손으로 "나도 나도!" 물티슈를 들고 다니는 너. 설거지도 해본다며 칭얼대는 소리, 코에 밀가루를 묻히고 같이 쿠키 반죽을 모양틀로 찍는 풍경들이 그렇다.

"엄마가 하는 건 다 따라 할 거야~."

흉내내는 너를 상상하면 저절로 웃음이 나와.

어두운 저녁, 따뜻한 빛 아래 뜨개질을 배우고 있는 어여쁜 아이. 아마 전에 배운 방법대로 뜨개질을 하다 뭔가 잘 안됐나 봐. 엄마 무릎에 앉아 다시 차근차근 배우고 있는 걸 보면 말이야. 고사리 같은 손으로 많이도 떴구나. 저 빨간 실이 끝을 보일 때면 무엇으로 짜잔~ 변해 있을까? 꼬마에게 어울리는 예쁜 목도리면 좋겠구나. 그림 속 엄마는 뜨개질을 잘 하시는 분 같아. 어여쁜 아기 옷도, 따뜻한 아빠 장갑도 엄마 손에서 뚝딱 요술처럼 나오겠지.

그림처럼 부모의 행동을 따라 배우다 보면 어느새 우리 아기도 눈 깜짝할 사이에 의젓한 어린이가 되어 있을 거야. 그동안 너는 총총 쫓아다니며 조르는 따라쟁이가 되겠지? 얼마나 사랑스러울까? 청소를 자주 하면 따라 닦고 요리하는 모습을 자주 보면 요리에 관심을 가지게 될 거야. 어떤 모습을 보여 주는가에 따라 네가 좋아할 일이 생길 거라니 음— 엄마는 어떤 모습을 자주 보여 줄까? 머릿속에서 여러 모습을 그려 보곤 해.

아가야, 앞으로 너는 네 곁에 가까이 있는 부모부터 살아가는 방법이 다른 수많은 사람들이 가진 지혜들을 보고 자라게 될 거야.

옛날 공자란 분이 이런 말씀을 하셨대.

"세 사람이 길을 가면 반드시 나의 스승이 있다."

누구든 장점을 가지고 있으니 어디서든지 좋은 점을 본받아 배우라는 이야기야. 다른 이에게 좋지 않은 모습을 봐도 그 역시 우리 아기에게 자신을 되돌아보는 지혜로 남을 거란다.

엄마는 네가 어떤 사람을 만나든 상대를 존중하며 배우는 사람이 되었음 해. 타인을 받들고 작은 소리에도 귀 기울여 살아 있는 배움을 깨치길. 사람을 가리지 않고 현명하게 대하는 사람으로 자라길 바란단다.

좋은 사람들과 함께 선함을 나누고,

자신의 소중함을 키워 가는 당당하고 건강한 사람으로 자라길.

네가 보고 배운 것들이 남에게도 자연스레 전해지는

따뜻한 사람이 되길.

네가 태어나면서

너로 인해 행복한 사람들이 더 많아지는 나날들이 생기길.

욕심꾸러기 엄마는 오늘도 배를 어루만지며 속삭여.

틀리는 걸
두려워 마렴

수업(The Lesson), 카일(Leon Caille), 1887

한창 분주한 주방에서 엄마는 일거리가 아닌 책을 들고 아들을 보고 있어. 잠시 아들의 공부를 봐주기로 했거든. 자신만만하게 엄마한테 책을 맡기고 외우던 아들이 그만 대답이 막히고 말았네. 머리를 긁적이고 발을 이리저리 움직여도 기억이 나질 않아.

누구라도 한 글자만 탁 말해 주면 바로 딱! 알 것 같은데 말이야. 바짝바짝 속 타는 아들과 달리 엄마는 여유롭게 식탁에 기대어 기다리고 있어. 당황한 아들에게 충분히 시간을 주며 기다리는 현명한 엄마인 거 같구나.

엄마도 네가 태어나면 가르치고 도와주고 싶은 게 많을 거야. 당장 두뇌 발달에 도움이 된다는 초점 책도 사 두고 흑백 모빌도 만들겠다며 의욕 가득한 엄마인걸. 하루에도 몇 번씩 '이건 여기를 같이 가면 좋을 거야, 우리 아기는 이런 걸 잘할 수 있게 도와줘야지 생각한단다.'

왜냐면 엄마는 너의 첫 선생님이 될 테니까 말이야.

가끔 우리는 살면서 한 가지 답만 달달 외우고 다른 답은 틀렸다고 말한단다. 푸는 방법에 따라 수만 가지 답이 나오는 문제일지라도 말이야. 왜냐면 그 답이 가장 쉽고 편한 답이니까. 우리 아기 역시 많은 사람들이 선택하는 답을 고를지도 몰라. 아니면 많은 사람들이 의심의 눈초리로 보는 답을 고를 수도 있지.

하지만 엄마는 처음이자 영원한 네 선생님으로 우리 아기의 선택을 존중할 거란다. 무조건 답을 알려주는 사람보다 등대처럼 빛을 밝히고 묵직하게 기다릴 줄 아는 너의 선생님이 돼줄게.

"틀릴까 봐 무서워서 아예 풀지도 않겠다고?"

"에이. 틀리는 건 무서운 게 아니야."

"틀려도 괜찮아!"

"그까짓 것 뭐 대수야. 하하하~! 크게 웃으면 되는 거야."

그리고 다시 풀면 되는 거야. 모두가 처음부터 똑같이 모르는 상태에서부터 시작한단다. 오히려 틀리고선 잘못된 답을 가지고 있는 게 가장 무서운 거란다.

"틀려도 부끄러워 말고 당당하게 물어보렴."

날마다 물어보고 열심히 풀어서 얻는 과정이 바로 네가 원하는 선택이
될 거야. 그렇게 계속 묻고 답하며 틀리는 걸 두려워 않는 사람만이 얻을
수 있는 게 바로 자신만의 삶이란다.

언제든 네 고민을 들어주기 위해 두 눈과 귀와 마음을 활짝 열어 둘게.

"팔딱팔딱 살아 숨 쉴 우리 아기의 멋진 삶을 위해~!"

호기심 가득한 세상 속으로 함께 떠나자

공 가지고 노는 아이(Le ballon ou Coin de parc avec enfant jouant au ballon),
발로통(Felix Edouard Vallotton), 1899

'우리 아기는 어떤 성격일까?'

'달콤한 음식을 먹으면 유난히 발실실이 심한데 단 음식을 좋아하는
걸까? 이 유모차는 좋은 걸까? 어떤 로션이 좋은 걸까?'

오늘도 엄마는 컴퓨터 앞에서 열심히 이런저런 이야기를 찾으며 공부
하고 있단다.

마치 전혀 모르던 나라로 여행을 준비하는 마음 같아.

어쩌면 네가 생긴 뒤 엄마의 나날은 늘 초보 여행자 같은 기분이란다.
너를 맞이할 설렘에 들떠 공부도 하고 너무 많은 정보에 혼란스러운 마
음이 초보 여행자 마음과 비슷해.

가끔은 홍수처럼 쏟아지는 육아 정보에 '에잇! 왜 이렇게 알아야 하는 게 많은 거야!' 숨을 돌리고 싶을 때도 있어. 하지만 첫 여행의 부푼 기대처럼 너를 맞이할 설렘이 다시 가슴에 차오른단다.

익숙한 생활 방식에서 벗어나 너를 맞이할 삶을 꾸리면서 살짝 두렵기도 해. 달라질 수면 시간, 너를 위해 먹지 말아야 할 것들, 새롭게 알아야 하는 상식들, 시기별로 가야 하는 병원 방문이나 여러 정보들까지도 말이야.

네가 있어 자연스레 생기는 변화를 몸과 마음에 배어들도록 하기까지 엄마, 아빠는 부딪히기도 하고 끼이익 급정거도 아마 할 거야. 가끔 서로 푸념을 하며 미룰지도 몰라. 하지만 처음이라 서툰 거니까 네가 살짝 봐주지 않을래? 쉽지는 않겠지만 세상의 모든 부모가 그러하듯 우리도 잘해 낼 거야.

"아가야! 엄마는 오늘도 심호흡을 깊게 하며 마음을 다잡고 있단다."

그림 속 아이가 새로운 공을 발견하고 떼는 신나는 발걸음이 보이니? 또 다른 즐거움을 찾아 여행을 시작하는구나. 아이가 쓴 노오란 모자와 사과처럼 빨간 공이 두근두근 마음을 들뜨게 해.

새로운 일이 생길 때마다 호기심 가득한 눈을 반짝이며 하나씩 즐거

보자.

여러 소리, 많은 표정, 세상의 다양한 맛 탐험도 신나게 받아들이자. 네가 투정을 부리고 알 수 없는 짜증을 내도 엄마, 아빠는 우리 아기가 세상을 겪는 그 모든 과정을 즐겁게 참여할 거야.

약속할게.

뜻도 묻지 않은 채 우리가 가고 싶은 곳으로만 가지 않을 거란 걸. 호기심 가득한 세상 속으로 걸음을 뗄 때마다 멀지 않은 곳에서 널 바라보고 있을 거야. 그림 속 아이가 무얼 하든 믿고 떨어져 있는 엄마처럼 말이야.

"네가 어디에서 무얼 하든 우린 언제나 널 사랑하고 응원할 거야."
"우리가 가장 든든한 네 편이 돼줄게."

너를 만나야만 겪을 수 있는 소중한 여행의 자격.
이제껏 살아왔던 세상과 또 다른 세계로 초대해 줘서 고마워.

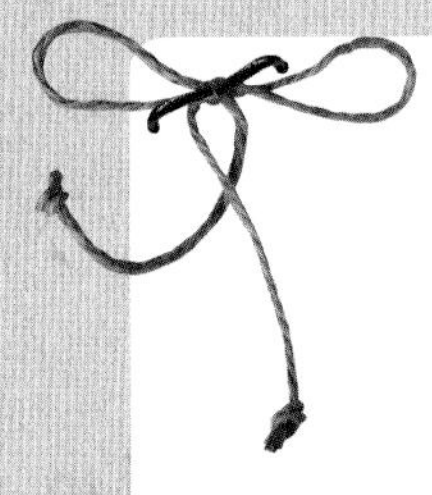

너를 응원하고
사랑하는
엄마를 기억해

뜨거운 심장을 가지고

너의 생각을 소중히 여기는 사람으로

어떤 상황에서도 삶은 이어지지

꿈을 가진 싱그러운 청춘으로 자라거라

세상을 탐구하는 호기심으로

젊은 날의 열정은 이어진다

길직은 포기하지 않았기 때문에 존재한다

한 가지에 일생을 바친 사람

언젠가 네가 사랑할 사람은

빛나는 순간을 위해 끊임없이

가난도 꺾지 못한 태양

삶을 축제처럼 즐겨라

힘이 들 때마다 이 그림을 기억하렴

원하는 대로 조각하며 세상을 만들어 봐

너의 곁에는 늘 내가 있다는 걸

세 번째
열 정

뜨거운 심장을 가지고

이카로스(Icarus), 마티스(Henri Matisse), 1947

열정 "옛날이야기를 하나 해 줄께?"

옛날 옛날에 이카로스라는 한 청년이 있었단다. 이카로스의 아버지는 뛰어난 발명가였는데 어느 날 임금님을 위해 절대로 빠져나올 수 없는 꼬불꼬불한 미로를 만들었지. 그런데 임금님의 딸인 공주님에게 이 미로를 빠져나올 수 있는 방법을 알려준 죄로 아버지와 아들 이카로스는 그만 미로 속에 갇히게 되었어.

자신이 만든 미로 속에 갇힌 아버지와 아들은 절망했지만 마냥 주저앉아 있지는 않았단다. 발명가였던 이카로스의 아버지는 멋진 아이디어를 떠올렸어. 떨어져 있던 새의 깃털을 모아 날개를 만들어 붙이고는 새처럼 하늘을 훨훨 날아 미로를 탈출했지.

이카로스는 처음 날아 본 하늘이 너무나 신기했어. 날개를 가지고 하늘을 날아 보다니, 얼마나 멋진 기분이었을까? 이카로스는 자꾸만 높이, 더 높이 날았단다.

아버지는 그런 아들에게 "태양 옆에 너무 가까이 가면 안된다. 날개를 붙일 때 쓴 밀랍이 녹으면 우린 바다에 떨어져 죽고 말 거야." 라고 경고했지. 그러나 이카로스는 가 보지 못한 세계에 대한 흥분으로 아버지의 말이 더 이상 들리지 않았어. 결국 뜨거운 태양이 밀랍을 녹여 이카로스의 날개는 떨어져 버렸고 이카로스는 그만 바다에 빠져 죽고 말았다.

사람들은 오랫동안 이 이야기를 기억했어. 이카로스는 욕심을 부려 결국 벌을 받은 어리석은 사람이라고 말이야.

그런데 화가인 마티스 아저씨의 생각은 조금 달랐단다. 아저씨가 생각한 이카로스는 철없는 욕심쟁이가 아니라 꿈과 자유를 얻기 위해 타오르는 심장을 안고 하늘로 높이 날아올랐던 젊은이였지.

마티스 아저씨의 그림을 보면 이카로스는 즐겁게 춤을 추는 것처럼 보여. 검은 그림자처럼 그려진 이카로스의 가슴에 딱 하나 붉게 빛나는 것이 있지? 바로 이카로스의 심장이란다. 이카로스는 저렇게나 붉게 타오르는 심장을 가지고 있었던 거야. 비록 이루어지지 못할 꿈이지만 포기하지 않고 계속 나아갔던 거지.

"아가야, 꿈이라는 것은 꾸기 시작한 순간 이미 행복이란다"

그 꿈이 이루어지든 이루어지지 못하든 그 꿈을 가지고 얼마나 행복했는가는 다른 사람이 아닌 오직 나만이 알 수 있단다.

그러니 다른 사람들의 시선보다는 늘 네가 정말로 느끼는 행복이 무엇인지 생각하렴. 엄마와 아빠는 네가 자라면서 많은 꿈을 가지고, 때로는 실패도 하고 때로는 절망도 하겠지만 꿈을 포기하지 않는 용기를 가졌으면 좋겠다. 어떤 일을 하는 사람이 되건 뜨거운 심장을 가진 사람이 되어야 할 거야.

하지만 부모란 늘 자식을 걱정하는 존재라서 이카로스의 아빠처럼 때로는 너를 말리고 하지 말라는 이야기도 해야 할 때가 올 거야. 때로는 너와 투닥투닥 다투기도 하겠지.

그렇지만 한 가지는 약속할 수 있어.

너의 꿈이 우리의 눈에, 그리고 세상 사람들의 눈에 때로는 무모하고 어리석은 것처럼 보일지라도 엄마와 아빠는 늘 네가 진심으로, 온 마음을 다해 원하는 꿈이 무엇인지를 생각할게. 그리고 그 일이 정말로 네가 원하는 것이라면 진심으로 응원할게.

우린 네가 성공하면 함께 기뻐할 거고, 만약에 네가 실패한다면 너의 어깨를 두드려 주며 괜찮다 말해 주는 그런 부모가 되고 싶단다.

너의 생각을
소중히 여기는 사람으로

파란 누드 IV(Blue Nude IV), 마티스(Henri Matisse), 1952

(열정) 이카로스를 그렸던 마티스 아저씨의 이야기를 더 들려줄게. 화가였던 마티스 아저씨는 여느 사람들과 생각이 좀 달랐단다. 사람들은 보통 파란색을 보면 "아 시원하다!"라고 말하고 빨간색을 보면 "따뜻해!"라고 말하지. 네가 자라서 학교에 가도 아마 그렇게 배우게 될 거야. 색에는 느낌이란 게 있거든.

그런데 마티스 아저씨는 빨간색보다 파란색이 더 뜨겁게 느껴졌어. 실제로 불꽃을 보면 빨간색 부분보다는 파란색 부분이 더 뜨겁다는구나. 신기하지? 그래서 아저씨는 여인의 아름다운 몸이 주는 뜨겁고 열정적인 느낌을 온통 파란색으로 그려 놓았어. 다른 사람들과 정반대의 생각을 가진 마티스 아저씨였지만 지금은 멋진 작품으로 인정받는 훌륭한 화가로 알려져 있단다.

누구나 생각은 자유롭고, 너의 생각이 다른 사람들과 다르다 해서 이상한 건 아니야. 특히 어떤 것을 보고 느끼는 감정에는 정답이 없단다. 나의 생각과 느낌을 소중히 여기는 사람이어야 엄마가 이야기했던 뜨거운 심장도 가질 수 있는 거야. 그리고 그만큼 다른 사람의 생각과 느낌을 중요하게 생각해 주는 것도 잊지 말자.

사람들이 파란색을 보고 시원하다고 하는 건 아마 하늘과 바다의 색을 닮았기 때문이 아닐까? 우리 아가는 파란색을 보면 어떤 느낌일까? 엄마도 너무너무 궁금하다.

삶은 어디에나(Life is everywhere), 야로셴코(Nikolai Yaroshenko), 1888

어떤
상황에서도
삶은
이어지지

열정 엄마와 아빠가 지금 살고 있는 이곳은 봄, 여름, 가을, 겨울을 골고루 느낄 수 있지만 어떤 나라는 일 년 내내 햇볕 쨍쨍 여름이기도 하고, 또 어떤 나라는 얼음 꽁꽁 추위가 길게 이어지기도 한단다. 일 년 열두 달 중 절반이 겨울인 나라도 있는데, 그 춥고 긴 겨울이 다 지나가고 모두가 기다리던 따뜻한 봄이 한 달 정도 살짝 얼굴을 내밀어 준대.

그림 속 사람들도 바로 그 짧은 봄볕을 받고 있어. 사람들이 타고 있는 것은 멀리 시베리아로 떠나는 죄수들이 타고 가는 열차란다. 사실 감옥에 갈 만큼 나쁜 일을 했던 건 아니었어. 때때로 사람들은 내가 옳다고 생각하는 것에 목숨을 바치기도 하지. 그것을 우리는 '신념'이라고 부른단다.

잠시 기차가 역에 서있는 동안 아기는 비둘기들에게 먹이를 주고 있어. 아기의 주변에 모인 어른들도 이 광경을 흐뭇하게 지켜보는 중이야. 먹을 것이 부족하겠지만 누구 하나 비둘기에게 먹을 것을 나누어 주는 아이를 말리는 사람은 없는 것 같구나.

감옥으로 가는 이 어둡고 힘든 긴긴 겨울도 지나가고 나면 봄이 온단다. 따뜻한 봄볕을 쬐는 사람들처럼, 너의 삶에서도 때로 길고 끝나지 않을 것 같은 힘든 때가 지나고 나면 희망이 꿈틀꿈틀 싹트는 좋은 시간도 찾아오게 마련이야. 그러니 어떤 순간에도 삶을 포기하지 말고 다가올 좋은 일들을 떠올려 봐. 우리의 삶은 어디에서나 이어진단다.

꿈을 가진
싱그러운 청춘으로 자라거라

미술학도(The Draughtsman), 샤르댕(Jean-Simeon Chardin), 1737

열정 사각사각. 아가야, 이 소리가 들리니?

조용한 방 한가운데에서 소년은 색연필을 깎고 있구나. 한쪽 팔로 푸른색 종이를 지그시 누르고서 다른 손으로 색연필을 깎는 소년의 뺨이 발갛게 물들어 있어. 소년은 자라서 언젠가 멋진 그림을 그리는 화가가 되고 싶을 거야.

아주 조심스럽게, 그리고 열심히 무언가를 하는 사람의 모습은 아름다운 법이란다. 나의 꿈을 위해 정성스럽게 준비하고 있는 그림 속 소년의 모습이 따스한 햇살처럼, 부드러운 봄바람처럼 엄마는 마냥 사랑스럽구나. 지금은 엄마 뱃속에 있는 네가 언젠가는 세상에 나와서 너만의 꿈을 갖고 저 소년과 같이 자랄 거라는 생각을 한단다. 그땐 너의 뒤에서 언제나 너를 응원하는 엄마가 있을 거야.

꿈이 없다면 우리는 어떻게 오늘을 살아갈까? 오늘을 살아가는 사람들에게 내일에 대한 희망이 없다면 어떻게 될까? 엄마도 아빠도 꿈과 희망을 가지고 열심히 살아가고 있어. 물론 우리들의 가장 소중한 꿈은 바로 너야.

너의 두 뺨이 꿈꾸는 소년처럼 붉게 물들어 가길. 싱그러운 너의 청춘이 꿈을 품고 꽃처럼 아름답게 피어나길.

세 번 째
열   정

세상을 탐구하는 호기심으로

천문학자(The Astronomer), 베르메르(Johannes Vermeer), 1668

열정 네가 모르는 세상에는 어떤 것들이 있을까? 네가 태어나면 세상은 온통 놀라움이겠지만 다 자란 어른인 엄마도 아직 이것저것 호기심을 느껴.

"내가 가 보지 않은 지구 저편에는 무엇이 있을까?"

"엄마, 지구보다 더 큰 건 없나요?"

"그럼, 지구를 넘어 우주 저편에는?"

옛날 사람들도 그런 호기심을 갖고 있었지. 보이지 않는 세상에 대한 상상은 무한한 이야기들을 만들었단다. 엄마와 아빠가 책으로 읽어 줄 해님과 달님, 그리고 반짝이는 별님에 대한 아름다운 이야기들은 모두 그런 호기심에서 나왔던 걸 거야.

그리고 사람들의 그런 동경은 끊임없이 이어져 왔어.

그림 속의 아저씨도 미처 가 보지 못한 미지의 세계를 상상하고 있는 것 같아. 아저씨가 손을 얹고 있는 동글동글 공처럼 생긴 물건은 우리가 살고 있는 지구를 본떠 만든 것이란다. 내가 지금 발을 딛고 서 있는 지구 이쪽 편과 정반대의 저쪽 편은 전혀 다른 모습일 거야.

"궁금하지 않니?"

그림 속 아저씨처럼 세상에 대한 호기심이 가득한 사람들은
땅을, 하늘을, 별들을 보고 연구하기 시작했지.
그리고 배와 비행기, 자동차, 우주선을 만들어서 더 먼 곳까지 가볼 수 있게 되었어.

알고 싶어 하는 마음이 커질수록 열정은 커지고, 우리는 좀 더 넓은 세상을 볼 수 있게 되는 거야. 너의 마음속에도 우리가 함께 살아가는 이 세상에 대한 호기심이 꿈틀거리게 되면… 아가야, 우린 함께 많은 것을 보고 또 많은 것을 느끼게 될 거란다.

너를
응원하고
사랑하는
엄마를
기억해

젊은 날의
열정은
이어진다

롤리의 어린 시절(the boyhood of raleigh),
밀레이(Sir John Everett Millais), 1870

열정 "할아버지 어렸을 때는~."

이런 말로 시작하는 옛날이야기는 온통 신기한 일로 가득 차 있단다. 이야기를 듣고 있음 깜짝 놀라거나, 눈물이 핑 돌거나, 무서워서 밤에 화장실도 혼자 못 가게 될 거야. 그래도 이야기에 쏙 빠져 늦은 시간도 잊고 또 해 달라며 조르게 되는 게 옛날이야기의 매력이란다.

그림 속 소년들 역시 선원 아저씨 이야기에 '퐁당' 빠졌구나. 이야기 속 거친 풍랑과 무서운 밤바다를 상상하는 소년들 눈빛을 보렴. 이미 멋진 모험가가 된 것 같지?

그림 속 소년은 실제로 훗날 나라를 빛낸 유명한 탐험가가 됐단다. 어린 시절 아저씨가 들려준 이야기를 잘 듣고 꿈을 키운 거야. 미지의 세계로 모험을 떠나 영국 여왕의 신뢰를 얻고 자신의 이름을 딴 도시도 생긴 멋진 사람이 되었어.

아저씨의 열정이 담긴 이야기는 소년 롤리 경에게 닿아 더욱 풍요하게 자라게 했단다. 그저 듣고 흘려버릴 옛날이야기라도 간절히 원하고 바란다면 이룰 수 있어. 물고기 잡는 법을 알려 주려면 먼저 바다를 꿈꾸게 하라는 말이 있듯이 말이야.

우리도 네게 방법만을 알려 주기보다 목적과 방향을 꿈꿀 수 있게 도와줄게. 자신의 능력을 믿고 노력해서 너 역시 누군가에게 뜨거움을 이어 주길 엄마는 바란단다.

걸작은 포기하지 않았기 때문에 존재한다

천지창조(Genesis),
미켈란젤로(Michelangelo di Lodovico Buonarroti Simoni), 1508~1512

열정 이렇게 많은 사람들이 나오는 그림을 보고 네가 깜짝 놀랐을지도 모르겠구나! 구름 위에, 하늘에, 땅 위에 온통 사람들로 뒤덮여 있지? 더욱 놀라운 것은 이건 그냥 그림의 한 부분일 뿐이고 전체 그림에는 훨씬 더 어마어마하게 많은 사람들이 그려져 있나는 사실이야.

"이야기는 성서로부터 시작돼. 성서가 뭐냐고?"

"우리가 살고 있는 이 세상이 어떻게 만들어졌는지, 사람은 어디로부터 왔는지에 대한 이야기야. 그러니 당연히 나오는 사람들이 많을 수밖에 없겠지?"

더 놀라운 사실은, 이 그림은 단 한 사람이 혼자서 그린 그림이라는 거야. 옛날에 미켈란젤로라는 천재 화가이자 조각가가 있었단다. 하느님을 믿는 교회에는 교황이라는 높은 사람이 있었는데 교황과 미켈란젤로는 별로 사이가 좋지 않았어. 그러나 미켈란젤로는 정말 그림 실력이 뛰어난 사람이었고 교황도 성당 천장화를 그릴 수 있는 사람은 미켈란젤로밖에 없다고 생각해서 부탁했지. 미켈란젤로는 이 그림을 시스티나 성당의 천장에 그리기 시작했어.

계속 하늘을 쳐다보며 그림을 그린다는 게 얼마나 힘들지 엄마는 상상도 못하겠어. 그런데 미켈란젤로는 4년이 넘는 아주 긴 시간 동안 그렇게 그림을 그렸단다.

"4년이 얼마나 긴 시간이냐고?"
"우리 아가가 엄마 뱃속에 있는 시간이 열 달 정도야. 1년이 채 안되지. 그런데 미켈란젤로 아저씨가 그림을 그렸던 시간은 네가 엄마 뱃속에 있는 시간보다 다섯 배가 넘는 더 긴긴 시간이야."

지금도 너는 엄마 뱃속이 점점 비좁아져서 좀이 쑤시고 엎치락뒤치락 자세를 바꾸고 있을 텐데 그 기나긴 열 달보다 더 긴 시간을 고개와 팔을 위로 든 자세로 그림을 그렸던 미켈란젤로 아저씨를 상상해 보렴. 실제로 미켈란젤로 아저씨는 엄청 고통스러웠다고 해. 목뼈와 등뼈, 한쪽 팔이 뒤틀리고 하늘만 쳐다보다 보니 눈동자가 돌아가 버렸다는구나.

그렇지만 미켈란젤로는 포기하지 않았단다.

결국 시스티나 성당의 천장은 정말 아름다운 그림으로 장식되었고 오늘날에도 많은 사람들이 그 위대한 그림을 보기 위해 전 세계로부터 시스티나 성당에 몰려들고 있어. 그리고 말로 표현할 수 없는 감동을 얻어 가지. 이 위대한 걸작은 미켈란젤로 아저씨가 중간에 포기했다면 결코 태어나지 못했을 거야.

여러 가지 어려움을 겪더라도 포기하지 않고 나의 모든 것을 다 바쳐 무언가를 이룬다는 것은 가슴속에 큰 열정을 갖고 있는 사람만이 가능한 일이다.

"엄마와 아빠는 네가 나중에 정말로 가치 있다 생각하는 일, 그리고 정말로 해내야겠다 생각하는 일을 포기하지 않는 사람이 되길 바랄게."

"열정을 가진 미켈란젤로 아저씨처럼 우리 아기도 무엇이든 여러 사람들에게 꿈과 희망을 줄 수 있는 멋진 일을 해내리라 믿어."

한 가지에 일생을 바친 사람

수련(Blue Lilies), 모네(Claude Monet), 1904

열정 하늘이 푸른 걸까, 호수가 푸른 걸까. 물과 수련, 빛들이 어우러진 풍경이 하루 동안 지친 엄마 마음을 편하게 다독여 주는구나. 힘들 때 호수 앞 의자에 앉아 산들거리는 바람을 쐬다 보면 참 행복할 것 같아. 도란도란 우리 아기랑 이야기도 나누며 쉬고 싶네.

이렇게 아름다운 곳은 어딜까?

이곳은 그림을 그린 모네 아저씨네 정원에 있는 호수란다. 아저씨는 집을 지을 때 정원에 가장 신경을 써 계획하고 만들었다고 해. 심지어 집 근처에 흐르던 강 물줄기까지 정원으로 옮겨 수련 연못을 만들었지. 그리고 20년이 넘도록 수련에 빠져 빛을 따라 오묘하게 바뀌는 색깔과 물에 비치는 모습을 늘 다르게 나타냈대.

말은 참 쉽지만 쏜살같이 사라지는 색을 잡는 건 어려울거야. 그래서 아저씨는 시간도 잊고 늘 그림에 빠져 있었어.

아가야, 엄마는 너도 무언가에 흠뻑 빠져 몰두할 거리를 찾으면 좋겠다. 20년이 넘도록 수련에 반한 모네처럼 말이야. 그렇게 세월조차 잊고 빠질 수 있는 대상을 만나는 건 큰 축복이란다. 사랑이든, 음악이든 어떤 것이든 말이야. 그 무엇이든 네가 좋다면 남의 눈치를 보느라 머뭇거리거나 피하지 마렴. 다른 이 때문에 정말 좋아하는 걸 포기하는 건 참 슬픈 일이야. 네 인생의 주인은 바로 너란다. 당당하고 자신감 있는 삶을 위해 이 그림을 네게 바칠게.

언젠가
네가 사랑할
사람은

사람의 몸만큼 아름다운 것이 없다고 생각해. 그림 속 여인도 수줍은 듯 자신의 몸을 한쪽 팔과 두르고 있는 모피로 살짝 가린 채 서 있지만 여인의 아름다움은 눈부신 햇살처럼 반짝이는구나. 이렇게 아름다운 여인을 그린 사람은 누구였을까? 바로 여인의 남편인 루벤스였어.

루벤스 아저씨는 자신의 아내였던 헬레네를 무척 아끼고 사랑했단다. 유난히 아내의 아름다운 모습들을 많이 그리곤 했는데, 이 그림은 집 밖으로 한번도 가지고 나간 적이 없었다고 해. 사람들이 아무리 많은 돈을 주겠다고 해도 절대 팔지 않았던 그림이기도 하지. 나이를 많이 먹은 루벤스는 자신이 가장 사랑했던 아내 헬레네의 품에서 숨을 거두었어. 눈을 감는 마지막 순간까지 아내와 함께한 거지.

엄마와 아빠도 만나서 서로 사랑했고, 그렇기 때문에 너를 만들 수 있었어. 너 역시 자라서 남편 혹은 아내를 만나고 가정을 꾸리게 된다면 누구보다도 가장 소중하게 서로를 아껴 주는 사랑을 하길.

"언젠가 네가 사랑할 사람은 세상에서 가장 행복한 사람이 되었으면 좋겠다. 누군가를 마음껏 사랑할 수 있다는 건 인생의 큰 축복이란다."

빛나는 순간을 위해 끊임없이

무대 위의 무희(Dancer on Stage), 드가(Edgar Degas), 1876~1877

열정 인생을 살다 보면 어떤 일을 하는 사람이건 간에, 나의 100%를 발휘해야 할 때가 온단다. 내가 가진 모든 것을 끌어내어 많은 사람들 앞에서 보여 주어야 할 때, 내가 가장 반짝반짝 빛나는 그때 맛보는 짜릿한 기분을 너에게 어떻게 설명해야 할까?

그림 속 발레리나는 온몸을 통해 날아오를 듯한 아름다움을 표현하고 있어. 그녀의 손끝도, 발끝도, 표정도 모두 나의 100%를 보여주고 있구나. 무대 위의 발레리나를 지켜보는 많은 사람들의 칭찬과 환호가 들리는 것 같아. 이 순간 느껴지는 기분은 말로 표현할 수 없을 거야. 그야말로 최고의 순간이야. 그림 속 발레리나는 지금 이 순간을 위해 얼마나 많은 시간을 연습해 왔을까? 이 한순간을 위해 아주 오랫동안 땀 흘리며 노력해 온 결과라고 생각해. 몇십 번이고 몇백 번이고 같은 동작을 연습하며 끈기 있게 오랫동안 기다렸을 테니까. 지금 느끼는 행복은 그런 노력 끝에 얻게 된 거겠지.

아가야, 네가 무엇을 하는 사람이 되건 어떤 위치에 서게 되건 너의 빛나는 순간을 위해 끊임없이 노력해야 할 거야. 그리고 너의 모든 것을 발휘하는 그 멋진 순간에 엄마와 아빠가 멀리서나마 사랑하는 널 지켜볼 수 있다면 정말 더할 나위 없이 행복할 거란다.

가난도
꺾지 못한 태양

해바라기(Sunflower), 고흐(Vincent van Gogh), 1888

● 열정 강렬한 노란 꽃들이 고개를 들고 우리에게 인사를 건네는구나. 아직 덜 피거나 활짝 핀 꽃, 서서히 시들어 가는 여러 꽃들이 다양한 생명력을 뽐내고 있어. 단순히 해바라기 열두 송이인데 눈을 뗄 수 없게 만드는 힘이 담긴 것 같아. 두껍게 칠한 물감과 거침없이 뻗어 가는 붓 자국을 보니 열정이 가득한 사람이 그린 것 같지? 이처럼 생명력이 넘실대는 해바라기를 온 세계에 알린 화가는 바로 반고흐 아저씨란다.

지금은 텔레비전이나 길거리에서도 쉽게 그림을 만날 수 있을 정도로 유명한 화가지. 하지만 아저씨가 살아 있을 때는 유명세와는 거리가 멀었단다. 아무도 그림을 사지 않아서 물감 살 돈도 없었어. 하지만 아저씨는 태양처럼 밝고 노란 해바라기에 푹 빠져 끼니도 거르며 그림을 그렸단다. 고흐는 해바라기 그림을 열 번이나 완성했는데, 그림을 그릴 때마다 태양에 다가가는 것처럼 마음이 쿵쿵 뜨겁게 차올라 행복했다고 해. 따뜻한 햇살과 눈부신 들판, 포근한 바람이 부는 곳에서 아저씨는 그림을 그릴 수 있어 즐거웠어. 비록 아무도 알아주지 않더라도 말이야.

우리 아기도 환경만 탓하며 쉽게 포기하는 마음이 생기지 않길 바란단다. 가난조차 붓을 꺾을 수 없었던 고흐 아저씨도 있잖아. 어떤 것도 네 마음속에 있는 꿈과 희망은 없앨 수 없단다. 가끔 포기하고 싶은 마음이 고개를 든다면 태양처럼 강한 이 해바라기를 보렴. 그 무엇도 빛나는 네 의지를 꺾을 수는 없을 거야.

삶을
축제처럼
즐겨라

여름밤(Summer Night), 호머(Winslow Homer), 1890

달빛이 물방울처럼 흩어지는 아름다운 밤바다.

그 매력에 끌려 하나 둘씩 모인 사람들로 풍경이 완성되는구나.

"엄마, 캄캄한 밤에 뭐가 보여요?"

"아가야, 세상에는 눈에 보이지 않아도 소중한 것들이 많단다. 그림 속에 담긴 하루 내 열기를 식혀 주는 바람, 파도 소리처럼 말이야."

이렇게 보이지 않아도 마법처럼 아름다운 것들이 가득인 밤바다가 그림 속에 있단다.

가만히 보고 있자니 은은한 음악이 들리는 것 같아. 들떴던 마음이 차분해지고 세상에 우리만 있는 듯 달콤한 꿈에 빠지는 구나.

그림 속 사람들도 여름 밤바다의 매력에 풍덩 빠졌나 봐. 특히 자유롭게 즐기는 사람들이 있는 것 같은데~. 파도, 바람의 속삭임을 따라 춤추는 여인들이 보이니? 우리 아기는 부끄러울 거 같니? 하하. 아가야, 걱정 마렴. 아마 너도 일러주지도 않았는데 장난감 멜로디에 맞춰 즐겁게 움직이는 법을 알게 될 거야. 모든 아기들이 춘다는 개다리춤을 깔깔거리며 출지도 모르지.

하지만 우리 아기가 수줍음을 알게 된다면 열정적인 꼬마 댄서는 더 이상 존재하지 않겠지. 왜냐면 대부분 나이가 들수록 다른 사람 앞에서 속마음을 드러내는 걸 무척 부끄러워하거든. 아니면 다른 사람 앞에서는 꼭꼭 감춰야 한다고 생각하는 사람들도 많단다. 그런데도 그림 속 여인들은 마음에서 흘러나오는 음악에 따라 행복하게 자신들을 움직이고 있어. 그 모습이 얼마나 아름다운지. 화가 아저씨도 그 모습에 반해 그림으로 남겨 두었네.

저 여인들은 밤바다를 보며 어떤 생각을 했을까. 그저 아름다움에 취했거나 자신의 삶에 대해 끊임없이 고민했을지도 몰라. 무엇을 위해 살기보다 어떻게 살아야 행복한 건지 말이야. 행복해 보이는 삶이 아니라 진짜 내가 행복한 삶을 위해서 말이지.

어렴풋이 고민에 대한 답을 이미 찾은 것 같아. 응? 어떻게 아냐고? 그림을 보렴. 행복과 열정이 흘러넘쳐 자연스레 춤을 추고 있잖니.

아가야, 앞으로 너를 움직이는 기준이 '행복'과 '열정'이 되길 엄마는 바란단다. 남 눈치를 보며 비난 받기 두려워 똑같아지려고 애쓰는 삶보다 네가 원하는 삶을 살길 진심으로 바래. 너만의 방식으로 삶을, 그리고 온몸 가득 즐거움을 맛보길 말이야. 삶의 열정을 찾아 떠나는 여행을 망설이지 말길. 너와 생각이 다른 사람들도 많이 만나기를. 갑자기 닥친 역경도 유연하게 즐겨 보길.

엄마 역시 너와 함께 즐거운 삶을 살기 위해 노력할 거야. 엄마의 의무에 얽매여 살다 자신을 잃지 않도록 말이야. 엄마가 행복해야 우리 아기도 행복할 테니까. 아기는 엄마의 기분을 먹고 산다는데 지금 우리 아기는 행복하지?

너와 함께 지내는 열 달 동안 행복해지는 걸 최우선으로 여길 거란다. 앞으로 너를 키우는 동안에도 긍정의 힘을 잊지 않는 노력가가 될게. 많은 갈림길에서 우리 서로를 믿고 씩씩하게 걸어가자. 펄떡이는 마음이 건네는 이야기에 귀 기울이며 우리의 인생을 축제 같은 나날로 채워 가자꾸나.

힘이 들 때마다
이 그림을
기억하렴

별이 빛나는 밤(The Starry Night), 고흐(Vincent van Gogh), 1889

별빛이 물결처럼 소용돌이치는 밤.

그림을 보고 있으니 우리도 넘실대는 빛을 따라 달과 별에게 닿을 것 같구나. 이 그림 또한 고흐 아저씨가 그린 그림이란다. 안타깝게도 살아 계실 때 잘 알려지지 않았지. 더군다나 아저씨가 마음에 병을 앓아 입원 했을 때 그린 그림이란다. 아저씨는 병이 깊어 많이 괴로웠는데도 이렇 게 아름다운 그림을 그렸단다.

"밤하늘을 색칠해 보세요—." 말한다면 대부분 어떤 색으로 칠할까?

보통은 까만색으로 칠한단다. 어두운 밤이니까 말이야. 하지만 고흐 아저씨 그림을 보면 파랗고 노란 빛이 밤하늘을 가득 채웠단다.

"정말? 진짜 밤하늘이 이런 색이냐고?"

정말인지 엄마랑 같이 밤하늘 보러 나갈까? 베란다로 가서 진짜 밤하 늘 색이 어떤지 같이 보자. 대신에 휙 쳐다보는 건 안되겠지? 고흐 아저 씨가 그림을 그리기 위해 계속 하늘을 쳐다봤듯이 우리도 오랫동안 보고 오는 거야. 그래. 1분 정도 같이 밤하늘을 보고 오자.

어때? 까만색인 줄 알았던 하늘이 여러 색으로 보이지? 지금은 가게 들이 내건 화려한 불빛 때문에 별빛이 잘 안 보일 거야. 그래도 아저씨가 살던 때에는 하늘에 별빛이 가득 찼단다. 외로울 때나 잠이 들지 않는 깊 은 밤에도 이 밤하늘은 여전히 그 자리에서 빛나고 있었지. 병에 걸려 괴

로울 때조차 말이야. 자신의 병에 굴하지 않고 아름다움을 찾아 담은 고

흐. 아저씨의 마음을 담아 더 빛나는 이 그림에 감동해 태어난 노래도 있

단다.

Starry, starry night.

별이 빛나는 밤입니다.

Paint your palette blue and gray.

팔레트에 칠해 본 청색과 회색.

Look out on a summer's day

With eyes that know the darkness in my soul.

내 우울한 영혼을 알아본 눈으로 어떤 여름 날을 바라봐요.

Shadows on the hills. Sketch the trees and the daffodils.

언덕위에 드리운 그림자를 보며 나무와 수선화를 그려 봐요.

Catch the breeze and the winter chills in colors on the snowy

linen land.

하얀 리넨 같은 땅의 빛깔에서 바람과 차가움을 느껴 봐요.

Now I understand

What you tried to say to me,

이제야 당신이 하려던 말을 알 것 같아요.

And how you suffered for your sanity

당신의 영혼이 느꼈던 고통을

And how you tried to set them free.

당신의 자유를 위한 갈망을

They would not listen; they did not know how.

사람들은 몰랐고 듣지도 않았을걸요.

Perhaps they'll listen now.

아마도 이젠 들릴 거예요.

아가, 힘이 들 때마다 이 그림을 기억하렴.

역경과 고난을 넘어 영원히 반짝반짝 빛나는 이 밤하늘.

여전히 그 자리에서 널 위로하고 있을 우리를 떠올리면서 말이야.

세 번째
열   정

원하는 대로
조각하며
세상을 만들어 봐

피그말리온과 갈라테아(Pygmalion and Galatea), 제롬(Jean-Leon Gerome), 1882

열정 아가야, 오늘은 엄마가 신기한 이야기를 하나 들려줄게. 어떤 사람들은 심장이 몸속에 두 개나 있대. 비유로 표현하는 심장이 아니라 실제로 쿵쿵 뛰는 심장이 말이야.

"외계인? 이니면 상상 속 영웅?"

"아니 아니. 둘레에서 자주 보는 사람들인데 어때 알겠니?"

바로 엄마처럼 작은 우주를 품고 있는 사람들, 임산부란다.

콩콩 부지런히 뛰는 우리 아기 심장까지 더해 두 개의 심장을 품고 있는 거니까. 맞지? 지금도 너는 부지런히 조금씩 자라고 있겠구나.

어느덧 초음파로 엄마를 닮은 걸까, 아빠를 닮은 걸까 이야기도 할 정도로 말이야. 어떤 신비로운 손이 우리 아기 얼굴을 이렇게 매만져 주는 걸까. 선명해지는 눈매와 네 콧날을 볼 때마다 엄마, 아빠는 감탄이 절로 나온단다.

    그림 속 피그말리온은 자신이 원하는 이상형을 직접 조각했단다. 그리고 그 조각상을 열렬히 사랑해 자신의 아내로 만들어 달라며 소원을 빌었대. 어찌나 간절했는지 실제로 조각상이 사람으로 변했지 뭐야. 차가운 대리석인 갈라테아가 점점 따뜻한 온기가 도는 여인으로 변하는 게 보이지? 기쁨에 넘쳐 입맞춤을 나누는 그들이 보이는구나.

    피그말리온이 얼마나 간절히 바랐으면 신이 소원을 들어줬을까? 엄마도 네가 좋은 사람이 되길 바라는 마음에 좋은 것만 보고 듣고 먹고 있단다. 이 마음이 더해져 엄마 소원도 짠~이뤄지면 좋겠구나.

    우리 아기 역시 네가 원하는 걸 스스로 조각하고 이루기 위해 노력하는 멋진 사람이 되길. 우리 모두의 간절한 바람이 꼭 이뤄질 걸 믿어 의심치 않으며- 다시 한 번 소원을 빌어 보자.

너를
응원하고
사랑하는
엄마를
기억해

너의 곁에는
늘 내가
있다는 걸

희망(Hope), 워츠(George Frederick Watts), 1886

열정 언제 미끄러질 지 모를 공 위에 지친 한 소녀. 둥글게 구부린 등과 창백하게 식은 피부. 얼마나 헤맸기에 저리도 더러워진 발바닥이 보일까. 그간 소녀가 얼마나 고생했을지 마음이 안쓰러워지는구나. 불안한 공간에 겨우 몸을 지탱하고 있는 리라마저도 한 줄밖에 남지 않았어. 가려진 눈 사이로 한 줄기 빛도 없는 외로운 어둠 속. 아이 옆에 남은 건 오직 가냘픈 리라 소리뿐이야.

'절망과 외로움, 고통 속에서 소녀는 무엇을 기다리는 걸까.'

가슴 아픈 말이지만 어떤 가치든 잃은 뒤에야 겨우 소중함을 깨닫는다고 해. 희망 역시 절망 속에서 그 빛을 더하기 마련이지.

누구나 한 번쯤 겪는 고통과 절망들.

어떤 이는 그 자리에 주저앉아 다시는 일어서지 못하고 누구는 도약 달기로 큰 걸음을 내딛기도 하지. 지금 엄마도 인생에서 가장 큰 도약 달기를 하고 있단다. 개인에서 누군가의 동반자로, 동반자에서 어떤 이의 삶을 책임질 보호자로, 세상에서 가장 강하다는 엄마란 이름으로 말이야.

변화가 낯설기도 하지만 지금 내 곁에 우리 아기가 있기 때문에 엄마는 무엇이든 다 해낼 수 있을 것 같아. 내게 이런 용기가 있었다니 새삼 우리 아기가 있어 내가 해낼 많은 일들이 두근두근 떨리기까지 해.

"아가야, 앞으로 겪을 장애물과 고통 속에서 혼자라 느껴질 때면 결코 잊지 마렴." 언제나 네 곁에는 우리가 있다는 것을. 가족이란 울타리로 언제나 널 보호하는 네 편이 있다는 걸 말이야.

우린 누구보다 든든한 너의 보호자가 되어 주고 열렬한 팬이 될 거란다. 그림 속 소녀처럼 혼자란 외로움과 절망 속에 남겨지더라도 우리가 네 곁에 있다는 걸 기억해 주렴.

앞으로 살면서 넘어져 부딪히고 아프더라도 움츠리지 말고 걸어가자. 움츠린 등을 꼿꼿하게 펴고 자신감에 찬 턱을 내밀고! 팔을 쭉쭉 뻗으면서 말이야. 상처 받는 걸 두려워하지 말고 걸어가는 거야. 그렇게 얻은 희망과 용기는 절대 변치 않고 네 곁에 남아 줄 테니. 우리 아기에게 거는 주문이자 엄마에게도 거는 용기의 주문이란다.

“우린 잘할 수 있어!”
“언제나 네 곁엔 내가 있을 거야.”

기억해 주겠니. 더 이상 길이 없다 여길 때 한 걸음 더 걸어가면 만날 수 있는 게 바로 희망이란 것을.

끝까지 포기하지 마렴.